国家电网有限公司特高压建设分公司
STATE GRID UHV ENGLNEERING CONSTRUCTION COMPANY

特高压工程建设典型案例

（2022年版）

变电工程分册

国家电网有限公司特高压建设分公司　组编

中国电力出版社
CHINA ELECTRIC POWER PRESS

内 容 提 要

为进一步落实国家电网有限公司"一体四翼"战略布局，促进"六精四化"三年行动计划落地实施，提升特高压工程建设管理水平，国家电网有限公司特高压建设分公司系统梳理、全面总结特高压工程建设管理经验，提炼形成《特高压工程建设标准化管理》等系列成果，涵盖建设管理、技术标准、施工工艺、典型工法、经验案例等内容。

本书为《特高压工程建设典型案例（2022年版） 变电工程分册》，分为土建篇和电气篇。土建篇包括主辅控制楼及综合楼、阀厅、轨道广场及防火墙、GIS室及继电器室、全站场地及道路、围墙及边坡、水工系统及建（构）筑物7章共37个典型案例；电气篇包括换流变压器、主变压器及高压电抗器，换流阀及调相机，其他一次设备，控制保护与调试，滤波无功设备及二次设备，其他6章共106个典型案例。每个案例均从案例描述、案例分析、指导意见/参考做法三方面进行阐述。

本套书可供从事特高压工程建设的技术人员和管理人员学习使用。

图书在版编目（CIP）数据

特高压工程建设典型案例：2022年版．变电工程分册/国家电网有限公司特高压建设分公司组编．—北京：中国电力出版社，2023.9
ISBN 978-7-5198-8046-0

Ⅰ.①特…　Ⅱ.①国…　Ⅲ.①特高压电网－变电－案例　Ⅳ.①TM727

中国国家版本馆 CIP 数据核字（2023）第 153165 号

出版发行：中国电力出版社
地　　址：北京市东城区北京站西街 19 号（邮政编码 100005）
网　　址：http://www.cepp.sgcc.com.cn
责任编辑：张　瑶（010-63412503）
责任校对：黄　蓓　王海南
装帧设计：郝晓燕
责任印制：石　雷

印　　刷：北京九天鸿程印刷有限责任公司
版　　次：2023 年 9 月第一版
印　　次：2023 年 9 月北京第一次印刷
开　　本：880 毫米×1230 毫米　16 开本
印　　张：10
字　　数：221 千字
定　　价：80.00 元

《特高压工程建设典型案例（2022年版）变电工程分册》

编 委 会

主　　　任	蔡敬东	种芝艺				
副　主　任	孙敬国	张永楠	毛继兵	刘　皓	程更生	张亚鹏
	邹军峰	安建强	张金德			
成　　　员	刘良军	谭启斌	董四清	刘志明	徐志军	刘洪涛
	张　昉	李　波	肖　健	白光亚	倪向萍	肖　峰
	王新元	张　诚	张　智	王　艳	王茂忠	陈　凯
	徐国庆	张　宁	孙中明	李　勇	姚　斌	李　斌

本书编写组

组　　　　　长	邹军峰					
副　组　长	白光亚	倪向萍				
主要编写人员	郎鹏越	汪　通	汪旭旭	吴　晨	侯　镭	曹加良
	张　鹏（变电）	徐剑峰	李国满	王小松	刘　波	
	宋洪磊	沈　晨	曾　晓	高仕涛	李　旸	刘　超
	李天佼	唐云鹏	吴继顺	马云龙	潘青松	谢永涛
	田燕山	许　瑜	孟令健	巨　斌	师俊杰	程　攀
	贾宏生	沈棋棋	程宙强	唐　川	彭　洋	关海波
	陈　琳	欧阳军	谌柳明	王俊峰	梅毅林	

序

从 2006 年 8 月我国首个特高压工程——1000kV 晋东南—南阳—荆门特高压交流试验示范工程开工建设，至 2022 年底，国家电网有限公司已累计建成特高压交直流工程 33 项，特高压骨干网架已初步建成，为促进我国能源资源大范围优化配置、推动新能源大规模高效开发利用发挥了重要作用。特高压工程实现从"中国创造"到"中国引领"，成为中国高端制造的"国家名片"。

高质量发展是全面建设社会主义现代化国家的首要任务。我国大力推进以稳定安全可靠的特高压输变电线路为载体的新能源供给消纳体系规划建设，赋予了特高压工程新的使命。作为新型电力系统建设、实现"碳达峰、碳中和"目标的排头兵，特高压发展迎来新的重大机遇。

面对新一轮特高压工程大规模建设，总结传承好特高压工程建设管理经验、推广应用项目标准化成果，对于提升工程建设管理水平、推动特高压工程高质量建设具有重要意义。

国家电网有限公司特高压建设分公司应三峡输变电工程而生，伴随特高压工程成长壮大，成立 26 年以来，建成全部三峡输变电工程，全程参与了国家电网所有特高压交直流工程建设，直接建设管理了以首条特高压交流试验示范工程、首条特高压直流示范工程、首条特高压同塔双回交流示范工程、首条世界电压等级最高的特高压直流输电工程为代表的多项特高压交直流工程，积累了丰富的工程建设管理经验，形成了丰硕的项目标准化管理成果。经系统梳理、全面总结，提炼形成《特高压工程建设标准化管理》等系列成果，涵盖建设管理、技术标准、工艺工法、经验案例等内容，为后续特高压工程建设提供管理借鉴和实践案例。

他山之石，可以攻玉。相信《特高压工程建设标准化管理》等系列成果的出版，对于加强特高压工程建设管理经验交流、促进"六精四化"落地实施，提升国家电网输变电工程建设整体管理水平将起到积极的促进作用。国家电网有限公司特高压建设分公司将在不断总结自身实践的基础上，博采众长、兼收并蓄业内先进成果，迭代更新、持续改进，以专业公司的能力与作为，在引领工程建设管理、推动特高压工程高质量建设方面发挥更大的作用。

2023 年 6 月

前言

为落实国家电网有限公司"六精四化"（精益求精抓安全、精雕细刻提质量、精准管控保进度、精耕细作搞技术、精打细算控造价、精心培育强队伍，标准化、机械化、绿色化、智能化）三年行动计划，进一步统一建设标准，建立适合特高压工程的技术标准体系，努力打造特高压标准化建设中心，以标准化为抓手，高质量建成并推动特高压"五库一平台"落地应用，国家电网有限公司特高压建设分公司组织各部门、工程建设部，结合特高压工程特点，全面梳理分析近年来特高压工程变电工程建设典型案例，总结近几年±1100kV特高压换流站工程、柔性直流换流站工程、调相机工程方面建设管理经验，为后续工程建设管理提供借鉴。

《特高压工程建设典型案例（2022年版） 变电工程分册》包括土建篇和电气篇。土建篇包括主辅控制楼及综合楼、阀厅等在内的案例37项。电气篇包括换流变压器、主变压器及高压电抗器等在内的案例106项。每项案例内容包括案例描述、案例分析、指导意见/参考做法，是对特高压工程建设设计、施工工艺标准及建设管理等方面的有力补充，为后续工程建设提供了案例支撑。

国家电网有限公司特高压建设分公司将结合"五库一平台"建设，继续开展建设标准的深化研究，根据特高压工程建设实际，对特高压工程案例进行动态更新，持续完善，打造更完善的特高压技术标准体系，服务特高压工程高质量建设。

本书在编写过程中得到了安徽送变电工程有限公司、湖南省送变电工程有限公司、河南送变电建设有限公司、甘肃送变电工程有限公司、国网湖北送变电工程有限公司、国网四川电力送变电建设有限公司、国网黑龙江省送变电工程有限公司、上海送变电工程有限公司、上海电力建筑工程有限公司、天津电力建设有限公司等单位相关同志的支持和帮助，在此表示诚挚的感谢！

限于编者的水平和经验，书中难免存有不当之处，恳请读者批评指正。

编者

2023年4月

目录

第二篇　电　气　篇

第一篇　土　建　篇

第一章　主辅控制楼及综合楼

案例1　某特高压变电站建筑物外墙砖脱落

【案例描述】

某新建特高压变电站于投运2年后，陆续发生建筑物外墙砖脱落约7处，其中较为严重的有3处。该站建筑物外墙装修采用挂砖方式。

【案例分析】

1. 设计情况

该工程施工图设计阶段，全站建筑物外墙做法设计为保温装饰一体板，全站建筑物外墙做法为外墙干挂瓷砖。

建筑图中明确外墙做法为干挂工艺：面层为外墙瓷砖；竖向龙骨为6.3号槽钢，中距根据瓷砖间距调整，不大于1500mm；横向龙骨为40mm镀锌角钢，间距300mm；保温层为100mm厚岩棉（防火等级不小于A级）。

外墙瓷砖与主体龙骨的连接，应通过专业的开槽设备，在瓷砖棱边精确加工成一条凹槽，将干挂件扣入槽中，通过连接件将瓷砖固定在龙骨上。

2. 施工情况

现场根据设计图纸采用干挂瓷砖的施工方法，每块瓷砖上下各两个挂件进行固定。挂件选用"干"字形专用挂件，一端与次龙骨（角铁）固定，另一端将瓷砖卡在挂件前面凹槽中。每个挂件位于上下两块瓷砖中间，瓷砖上下沿外表面统一磨掉2mm用以隐藏挂件。瓷砖背面与挂件接触部位采用AB胶填缝加强固定。

3. 施工方面原因

（1）瓷砖上下沿开槽存在尺寸误差，挂件与瓷砖接触位置有不紧密情况，采用AB胶填缝加强固定的措施对胶体与瓷砖黏接性能要求比较高。

（2）由于外墙施工时间为12月，当地气温较低，导致部分AB胶受冻，强度未达到标准值。

（3）外墙饰面层各层长期受温度的影响，由表面到基层的温度梯度和热胀冷缩，在各层中也会产生应力，雨水渗透膨胀和上述应力共同作用，导致外墙面砖与AB胶脱落，面砖与挂件之间产生缝隙。

（4）当地大风天气较多，风压作用于面砖表面，挂件与面砖连接不紧密的点会产生振动，可能造成面砖与挂件连接处受损，从而造成挂件与瓷砖脱离。

4. 设计方面原因

设计图纸交底不完善，未对干挂工艺流程、施工环境条件等要求做详细交底。

5. 管理方面原因

现场实际采用的施工工艺与原设计方案有差异，未严格履行设计变更审批程序。

【指导意见/参考做法】

1. 整改情况

采用同材质外墙面砖对墙面进行补砖。对整个建筑外墙进行排查，发现面砖与挂件连接不紧密的应及时进行更换补砖。根据面砖厚度定做专用挂件卡口尺寸，更换过程中检查面砖边角有无破损现象，确保挂件与面砖紧密连接。

2. 设计方面

优化研究外墙装修方案。针对后续工程，结合最新中华人民共和国住房和城乡建设部相关要求及地方指导意见，合理确定外墙装修方案。应用住建部门推荐的自保温、结构与保温一体化、预制保温外墙板等工艺。

3. 管理方面

（1）加强设计管理，严格设计变更审批程序。严格按照设计方案施工，杜绝私自改变设计方案。如需对方案进行改变，需进行专题研究及风险评估。

（2）加强过程质量管控，充分发挥现场监理人员职能，加强工程材料进场验收及检测工作，关键工序邀请设计单位共同参与首基验收。

（3）室外工程涉及胶体作业项目，尽量避开高温、严寒、雨雪、大风等恶劣天气，确因原因无法避开的，针对具体情况编制专项措施，经审核后严格管控措施。

案例 2　某特高压换流站主控楼屋面渗漏水

【案例描述】

某换流站建设施工期间，运维人员下雨天巡查时发现：极 1 低端阀组辅助及控制保护设备间南侧蓄电池室东北角墙壁有水迹，主控室吊顶处漏水，主控楼三层休息室北侧漏水，吊顶石膏板被水浸泡后脱落，如图 1-2-1 所示。

【案例分析】

1. 设计情况

该换流站主控楼采用的是钢混结构，即钢梁＋彩钢板底板＋钢筋混凝土梁板，外墙采用常规彩钢板饰面。

标高 0.30m 以下的外围护墙采用 240mm 厚 MU15 蒸压灰砂砖，M10 水泥砂浆砌筑，0.30m

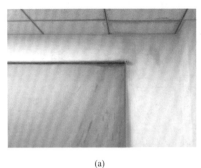  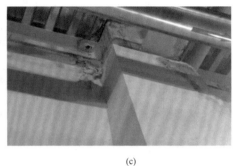

(a) (b) (c)

图 1-2-1 主控楼屋面渗漏水

（a）休息室顶棚渗水；（b）石膏板浸泡后脱落；（c）蓄电池室东北角墙壁渗水造成涂料起皮

以上的外围护墙体及内墙均采用 240mm 厚 MU15 烧结多孔砖，M7.5 混合砂浆砌筑，其中构造和技术要求参其构造和技术要求参见 04J101，如表 1-2-1 所示。其中屋面防水等级为 I 级，主控楼屋面为结构找坡。

表 1-2-1　　　　　　　　　　　　屋面质量通病防治的技术措施及执行情况

序号	技术措施	执行情况
1	屋面宜设计为结构找坡。屋面坡度应符合设计规范要求，平屋面采用结构找坡不得小于 5%，材料找坡不得小于 3%，天沟、沿沟纵向找坡不得小于 1%	已执行
2	柔性与刚性防水层复合使用时，应将柔性防水层放在刚性防水层下部，并应在两防水层间设置隔离层	已执行
3	铺设屋面防水卷材的找平层应设分格缝，分格缝纵横间距不大于 3m，缝宽为 20mm，并嵌填密封材料。找平层当采用水泥砂浆时，其强度不得小于 M10，当采用细石混凝土时，其强度不得小于 C20	已执行
4	刚性防水层应采用细石防水混凝土，其强度等级不小于 C30，厚度不应小于 50mm，并设置分格缝，其间距不宜大于 3m，缝宽不应大于 30mm 且不小于 12mm，刚性防水层与山墙、女儿墙及突出屋面结构的交接处，应留置伸缩缝，伸缩缝用柔性防水材料填充，并铺设高度、宽度均不小于 250mm 卷材附加层。刚性防水层的坡度宜为 2%～3%；混凝土内配间距为 100～200mm 钢筋网片，钢筋网片应位于刚性防水层的中上部，且在分隔缝处断开	已执行
5	屋面女儿墙、压顶等过长的纵向构件，应沿纵向不大于 3m 设置钢筋混凝土构造柱，女儿墙、压顶粉刷层每隔 3m 及易产生变形开裂部位设分格缝，分格缝宽为 10mm	已执行

2. 施工方面原因

（1）经现场排查，发现因房顶排水管被建筑垃圾堵塞，同时房顶雨落管穿墙穿彩钢板封堵，建筑垃圾堵塞在雨水斗，造成雨水斗积水后通过彩钢板未封堵缝隙留到外墙，在外墙填充墙与钢梁处渗漏到室内，如图 1-2-2 所示。

（2）建设期间未做到"工完、料净、场地清"，各工种交接时监理未进行验收，未对屋面垃圾

(a) (b)

图 1 - 2 - 2 房顶排水管被建筑垃圾堵塞和改进

(a) 雨落管清理出的垃圾；(b) 雨落斗安装图

进行清理，造成堵塞并形成渗漏。

（3）彩钢板施工厂家雨落管穿彩钢板缝隙封堵不密实，导致雨落管堵塞后水倒灌进彩钢板内，造成岩棉吸水。

（4）土建主体施工单位针对填充墙与钢梁二次封堵未严格按照质量通病要求采用膨胀细石混凝土二次封堵。

【指导意见/参考做法】

1. 整改情况

清理建筑垃圾，雨落管拆除并进行重新更换。雨落管穿彩钢板处开孔缝隙采用防水耐候胶密封处理。渗漏水问题得到解决，后期未发现渗漏。

2. 施工方面

加强《输变电工程质量通病防治手册》及《国家电网公司输变电工程标准工艺》在后续工程中应用，明确建筑物外墙填充墙不得采用空心砖，填充墙砌筑完成不少于 14 日后方可进行框架梁下口封堵，且封堵必须采用膨胀细石混凝土分两次填塞。

3. 监理方面

换流站牵涉彩钢板、空调等甲供厂家和施工单位穿插施工，监理项目部要加强多单位多工种工作面质量管控和监督管理，特别是完善屋面孔洞封堵，做到"工完、料净、场地清"。

案例 3 某特高压换流站建筑物窗户渗漏

【案例描述】

某换流站建设施工期间，运维人员下雨天巡查发现：主控楼和综合楼局部窗户下雨天存在渗漏水现象。雨停后窗台上能看到明显的水迹和风沙，如图 1 - 3 - 1 所示。

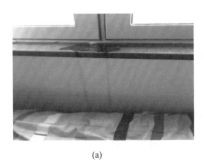 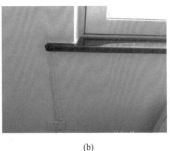 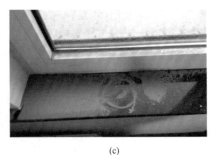

(a) (b) (c)

图 1-3-1 建筑物窗户渗漏

（a）窗户中间渗水；（b）窗户两侧渗水；（c）窗户渗漏导致风沙同雨水流淌室内

【案例分析】

1. 设计情况

图纸中要求建筑外门窗应满足：抗风压 5 级，气密性 6 级，水密性 4 级，保温性能 8 级，隔声性能 4 级，满足规范《建筑外门窗气密、水密、抗风压性能检测方法》（GB/T 7106—2019）的要求，窗选用国标图集 06J607-1，窗洞上口设计了混凝土过梁，下口设混凝土窗台板，窗台做法参考国标图集 04J101 第 32 页节点 C，且要求执行标准工艺 0101010201 窗台、0101010504 断桥铝合金门窗、0101010502 钢板门、玻璃门、防火门。门窗安装与墙体构造措施选用标准图集，标准工艺执行了《国家电网公司输变电工程标准工艺（三） 工艺标准库（2016 年版）》。设计文件为常规设计，没有原则性问题。

2. 施工方面原因

施工过程中窗户下口渗水主要原因是不符合《国家电网有限公司输变电工程质量通病防治手册（2020 年版）》中构造要求：应明确门窗抗风压、气密性和水密性三项性能指标，其性能等级划分应符合国家现行规范的规定；窗台低于 0.8m 时，应采取防护措施；门窗应设计成以 3m 为基本模数的标准洞口，尽量减少门窗尺寸，一般房间外窗宽度不宜超过 1.50m，高度不宜超过 1.50m。当单板玻璃面积大于 1.5m² 时，应采用不小于 5mm 厚度的安全玻璃。混凝土窗台板未施工成内高外低式，外沿排水坡度不足；窗框处未设置排水孔或排水孔堵塞，窗框接缝处未采用耐候胶封闭，内部雨水往室内渗透。

3. 监理方面原因

监理项目部未对窗户密封条、泄水孔，窗台板等关键工序进行过程验收把控。

【指导意见/参考做法】

1. 整改情况

将原有密封不合格处重新采用耐候胶密封。检查窗框槽的排水孔，将被完全堵塞的洞口密封，并重新钻孔。问题得到整改，后期未发现渗漏。

2. 施工方面

（1）建议后续工程，特别是北方风沙较大的工程，尽量减少开窗，建议开窗设置为外开窗

（长期的风吹内开窗会造成铰链、挡板等变形而影响密封效果）。

（2）按照《国家电网公司输变电工程质量通病防治工作要求及技术措施》第十六条要求"建筑物顶层和底层应设置通长现浇钢筋混凝土窗台梁，高度不宜小于120mm，纵筋不小于4ϕ10，箍筋ϕ6@200；其他层在窗台标高处应设置通长现浇钢筋混凝土板带。窗口底部混凝土板带应做成里高外低；当洞宽大于2m时，洞口两侧设置混凝土构造柱（并与雨篷梁或框架梁同时浇筑），纵筋不少于4ϕ10，箍筋ϕ6@200；当洞宽小于2m时，在洞口两侧的下部混凝土板带上设置止水坎，其高度为1/2皮砖的厚度，宽度不小于120mm。构造柱的混凝土强度等级不应小于C20；宽度大于300mm的预留洞口，应设钢筋混凝土过梁，并伸入墙体不小于300mm。

（3）按照《国家电网公司输变电工程标准工艺（三）　工艺标准库（2016年版）》人造石或天然石材内窗台101010201要求："窗洞口抹灰时，窗台板底标高应高出室外窗台10mm，粉刷面平整度小于2mm，窗台板安装前应清理基底，保证基底的平整度。窗台板安装位置正确，割角整齐，接缝严密，平直通顺。窗台板出墙尺寸一致，窗台板的安装高度不应妨碍窗的开启，其顶面宜低于下部窗框的上口8～10mm。"

外窗台0101010202要求："外窗台应低于内窗台，窗台排水坡度不应小于3%，出墙尺寸一致，窗台板安装位置正确，割角整齐，接缝严密，平直通顺"（见图1-3-2）。

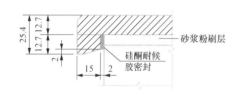

图1-3-2　窗台板安装详图

（4）门窗安装前应进行三项性能的见证取样检测，安装完毕后应委托有资质的第三方检测机构进行现场检验。窗户安装完成后要进行淋水试验。施工、监理加强关键部位如窗洞上下口、窗框、外墙预留预埋等隐蔽工程验收。

案例4　某特高压换流站主控楼电缆竖井渗水

【案例描述】

某换流站运维人员在验收阶段，检查发现至极1低端阀组辅助设备室下方电缆夹层处墙面渗水，如图1-4-1所示，该墙面潮湿，渗水位置临近主控楼1楼卫生间处。

图1-4-1　墙地面渗水

【案例分析】

1. 设计情况

（1）设计图纸说明中明确：卫生间及水工专业管井内，下部为300mm高C20素混凝土，与上部墙体同宽，且满墙做防水处理，设备机房、管道井墙、防火墙、楼梯间分隔墙等隔墙与卫生间、清洁间、垃圾间等多水房间共用隔墙时，隔墙的根部均做200mm高C20现浇混凝土条带，并在多水房间一层做防水，防水涂料沿墙面高至吊顶。

（2）设计图纸要求：室内防水层施工完成后，需进行闭水试验，在确认不漏水后方可继续施工。

（3）从施工图看，设计说明及要求符合规程规范，如图 1-4-2 和表 1-4-1 所示。

3 设计标高

3.1 本图采用1985国家高程系统，本建筑物±0.00m相当于1985国家高程基准1319.78m。

3.2 本工程标高以m为单位，其他尺寸以mm为单位。

3.3 本工程主控制楼±0.000m应高出室外地坪300mm。

3.4 各层标注标高为完成面标高（建筑面标高），屋面标高为结构面标高，部分结构梁板标高分别下降如下：①卫生间200mm；②活动地板区域600mm；③电缆埋管区域300mm；④其他50mm。

3.5 本工程卫生间内内楼地面最高处比房门外楼地面低20mm，并以1%的坡度坡向地漏。

图 1-4-2 图纸设计说明

表 1-4-1 楼地面质量通病防治的技术措施及执行情况

序号	技术措施	执行情况
1	除有特殊使用要求外，楼地面应满足平整、耐磨、不起尘、防滑、防污染、隔声、易于清洁等要求	已执行
2	处于地基土上的地面，应根据需要采取防潮、防基土冻胀、湿陷，防不均匀沉陷等措施	已执行
3	浴、厕和其他有防水要求的建筑地面必须设置防水隔离层	已执行
4	浴、厕、室外楼梯和其他有防水要求的楼板周边除门洞外，向上做一道高度不小于 200mm 的混凝土翻边，与楼板一同浇筑，地面标高应比室内其他房间地面低 20～30mm	已执行

2. 施工情况

施工单位按照施工图设置了 300mm 高 C20 素混凝土墙基，墙地面也施工了防水涂料。但混凝土翻边不是与楼板一同浇筑，而是后期二次结构施工时进行二次浇筑，存在施工缝。经拆除主控楼卫生间地面发现污水管存在破损，卫生间污水经污水管外排时在该部位渗漏，通过空隙渗漏到隔壁极 1 低端阀组辅助设备室。

3. 施工方面原因

（1）卫生间卫生洁具安装、管道敷设完成后，管道等未采取保护措施，施工单位未经监理验收擅自回填土，回填土过程中造成管道破损。

（2）防水层施工完成后，未进行闭水试验就进行下道工序施工。

【指导意见/参考做法】

1. 整改情况

将卫生间地砖、混凝土硬化地坪全部破除；卫生间下水管道重新更换熔接，并浇筑混凝土进行保护。重新浇筑混凝土地坪，地坪表干后进行防水涂料施工（2道），施工完成后按要求进行闭水试验。后期未发现渗漏。

2. 设计方面

设计应在图纸明确：卫生间有水房间墙体根部设置300mm高C20素混凝土，与上部墙体同宽且满墙做防水处理。

3. 施工方面

（1）施工时200mm高翻梁应与楼地面一次性浇筑，不得二次浇筑。有防水要求的地面施工完毕后，应进行24h蓄水试验，蓄水高度为20～30mm，不渗、不漏为合格。卫生间下水管施工完成后采取保护措施，监理隐蔽验收后方可进行回填土等施工。

（2）应加强过程质量监督，明确各个工序质量待检点。根据GB 50268—2008中9.1.11要求："污水、雨污水合流管道及湿陷土、膨胀土、流沙地区的雨水管道，必须经严密性试验合格后方可投入运行。"

案例5 某特高压换流站建筑物墙体及屋面渗漏

【案例描述】

某换流站工程投运近10年后在质量回访中发现，备班楼顶层房间屋顶、楼梯间外墙墙面局部位置渗水。

房间渗漏部位主要是以房间灯具和烟感为中心渗漏后向四周扩散，外墙渗漏主要集中在楼梯间，如图1-5-1所示。

(a)   (b)   (c)

图1-5-1 建筑物墙体及屋面渗漏

(a) 备班楼楼梯间墙体开裂、渗水；(b) 休息室顶棚明显渗水痕迹；(c) 楼梯多次渗水痕迹

【案例分析】

1. 设计情况

（1）该备班楼建筑设计方案：外墙砌体材料采用煤矸石烧结砖，强度等级MU10，M10水泥砂浆砌筑，砌块及砂浆强度满足相关规范要求。考虑防裂措施，墙体满铺防裂钢丝网。设计文件为常规设计，没有原则性问题。

（2）备班楼外墙设计方案：砌体填充墙＋粉刷＋挤塑板保温层＋钢丝网粉刷层＋外贴面砖。如果工程采用的建筑材料（面砖、砌块、勾缝材料、铺贴砂浆等）质量、施工工艺等各环节均满足相关规程规范、标准工艺和防质量通病措施，不会出现渗透通路，设计方案满足使用要求。

2. 外墙渗漏原因

外墙贴面砖饰面由于冬夏冻融开裂造成最终墙体渗漏。外贴面砖在工程前期，其勾缝密闭性较好，能够有效地形成一个封闭层防止雨水渗漏。但是经过几个冬夏交替，面砖勾缝剂和面砖之间由于热胀冷缩、冻融等作用脱离形成微小裂缝，南方长时间的梅雨天气浸泡，造成雨水从面砖裂缝处开始往墙内进行渗漏。透过钢丝粉刷层、保温层、砌体刮糙层、砂浆不饱和砖缝不断的渗漏，最终形成渗漏通道。

雨水渗透到砖缝后往往不会第一时间渗透到内墙，因为内墙本身有粉刷层和涂料，密闭性相对较好。由于重力的作用，雨水渗透通道是从外墙粉刷层到内墙粉刷层、从墙体上部到墙体下部的无规则"见缝就钻"的发展方式。最终碰到框架梁、框架柱、圈梁、构造柱而终止，在框架结构处形成一个蓄水拦截，最终造成该处的内墙、外墙均开裂，形成渗水，经过长时间的潮湿气候甚至长霉、长青苔。

3. 屋面渗漏原因

渗漏位置主要分布在屋面灯具和烟感探测器周围。判断主要原因是当时施工灯具和烟感的预埋盒保护层太薄。工程前期屋面防水卷材等完好，能够有效防止雨水渗漏到屋面结构层，但是随着防水卷材出现损坏，雨水通过损坏处往里面灌水，防水卷材反而造成屋面渗漏加剧。

施工单位没有认真落实墙体构造处理拉结筋、构造柱及结构混凝土接口处的加强措施，造成后期出现裂纹，水汽侵入。女儿墙与楼板交界处的防水卷材附加层及卷材收头处金属压条松动，导致雨水灌入卷材底部，长时间存积造成屋面渗水。

【指导意见/参考做法】

1. 加强质量通病防治措施及标准工艺应用

（1）引用图集重要节点需与《国家电网有限公司输变电工程标准工艺》及《国家电网有限公司输变电工程质量通病防治手册（2020年版）》进行配合，设计图应重点强调外墙砖施工时伸缩缝材料、防水材料要求，并符合最新技术标准。《外墙饰面砖工程施工及验收规程》（JGJ 126—2015）对外墙饰面砖伸缩缝设置进行了明确要求：4.0.3 外墙饰面砖粘贴应设置伸缩缝。伸缩缝间距不宜大于6m，伸缩缝宽度宜为20mm。

（2）加强《国家电网有限公司输变电工程质量通病防治手册（2020年版）》及《国家电网有限公司输变电工程标准工艺》在后续工程中应用，明确窗上口过梁、下口窗台板的构造要求，窗下口两侧应设置挡水坎。

（3）按照《建筑外墙防水工程技术规程》（JGJ/T 235—2011）要求设置防水层（含幕墙饰面外墙），防水层宜采用聚合物防水砂浆、聚氨酯防水涂料等。

2. 优化设计方案

（1）外墙不建议采用砂浆干贴面砖饰面方案。瓷砖勾缝剂和砂浆粘接剂属于硬性材料，经过几个冬夏季节的冻融造成勾缝处开裂甚至面砖脱落（在北方尤为明显）。

（2）针对后续工程，可应用真石漆、保温装饰一体化板等已在多个变电站可靠应用的工艺。外墙保温装饰一体板是将装饰层和保温施工合二为一，工厂化生产，现场直接安装固定，如图1-5-2所示，相比传统的外墙面砖、涂料装饰外立面，缩减了近十道工序，大大节约了施工时间，相对于传统保温方法缩短60%的工期，施工效率提高1倍。

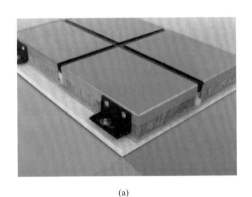
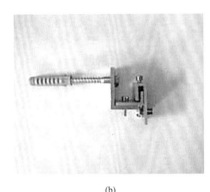

(a)　　　　　　　　　　　　　(b)

图1-5-2　外墙保温装饰一体板

（a）外墙保温装饰一体板截面展示图；（b）专用挂件

（3）加强屋面设计细节说明。顶层房间建议采用吊顶，吊杆采用埋件方案，所有灯具、烟感、空调等建筑电气埋管均不在屋面结构层预埋。结合地区气候特点合理选择设计方案，南方雨水多应重点考虑防水性能，建议采用倒置式防水屋面，保温层在防水层上方，能够有效地延长防水层的使用年限。北方天气寒冷应重点考虑保温性能，应以正置式防水屋面为主。

案例6　某特高压换流站阀冷设备间平台出现沉降

【案例描述】

某换流站站内巡检发现高端阀冷设备间地面出现明显裂纹及地面沉降的情况。经过现场勘察，发现高端阀组冷却设备室主机模块平台一侧地面存在1.2～1.5cm垂直裂缝，北侧墙体地面有1mm裂纹，阀冷设备间室内东侧墙角处存在2cm沉降缝隙，其他部位无明显裂纹。检查辅控楼其他设备间地面未发现地面塌陷或者沉降的情况，如图1-6-1所示。

【案例分析】

1. 设计情况

高端阀组冷却设备室位于辅控楼一层，如图1-6-2和图1-6-3所示，房间西南角设置泵坑。室内布置有喷淋泵组、内冷主循环设备、内冷水处理设备、软化装置、外冷加热器等。阀冷设备间位于挖方区，建筑物框架柱基础标高-3.6m，喷淋泵组布置于-4m泵坑内，泵坑底标高

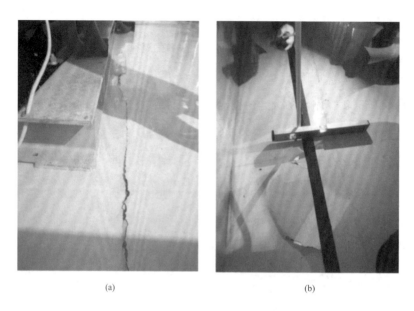

(a)   (b)

图 1-6-1 高端阀冷设备间地面出现明显裂纹及地面沉降

（a）阀冷设备基础与泵坑交接处沉降；（b）泵坑边地坪沉降裂缝

－4.3m。内冷主循环设备、内冷水处理设备、软化装置、外冷加热器等设备采用 C30 钢筋混凝土独立基础，厚度 500mm，基础双层双向配筋 10@150，基础下铺设 500mm 厚级配碎石。设备间地面采用环氧砂浆重载地面，设置 C25 钢筋混凝土垫层，厚度 200mm，垫层配筋 14@200，基层回填土要求压实系数不小于 0.95。

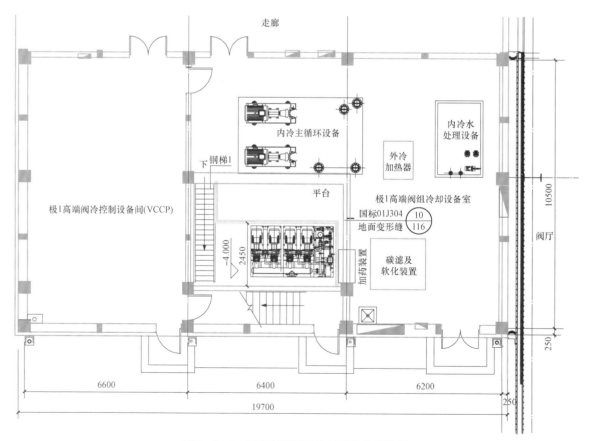

图 1-6-2 极 1 高端阀组冷却设备室建筑图

注 标高单位为 m。

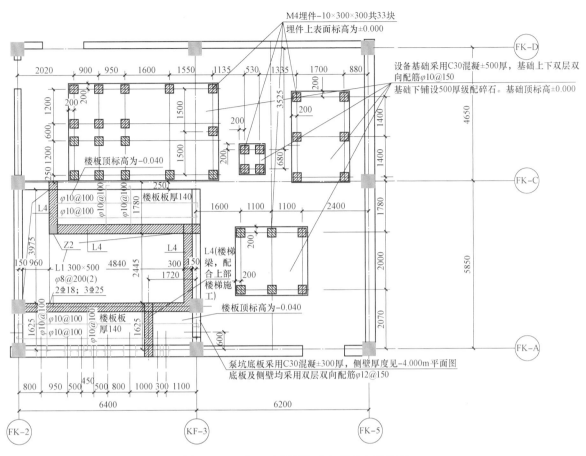

图1-6-3　极1高端阀组冷却设备室结构图
注　标高单位为m。

泵坑与基础、基础与地面按照国标图集要求设置变形缝，释放由于沉降或温度引起的水平及竖向位移，泵坑布置图如图1-6-4所示，变形缝做法如图1-6-5所示。

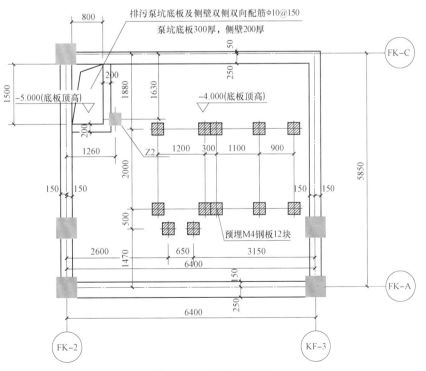

图1-6-4　泵坑布置图
注　标高单位为m。

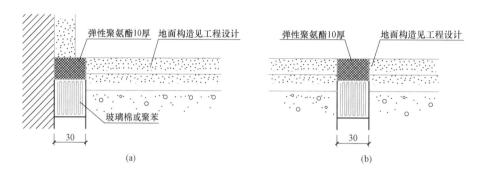

图 1-6-5 变形缝做法

（a）做法一；（b）做法二

2. 施工情况

施工单位在收到设计院发来图纸后，组织编制了相应的施工方案，施工流程如表 1-6-1 所示。

表 1-6-1 阀组冷却设备室基础平台施工流程

施工顺序	施工内容
1	框架基础及排污泵坑基坑整体开挖
2	基础及泵坑底板和池壁钢筋混凝土现浇施工
3	泵坑底板及池壁拆模
4	基槽原状土分层回填、夯实
5	阀冷设备基础平台下部 500mm 厚级配碎石层施工
6	500mm 厚 C30 钢筋混凝土施工、养护
7	阀冷设备安装调试

场平阶段，为了确保工程主体开工后能顺利推进，工程将两个区域采取了冬季保温措施，第一区域是填方的 500kV GIS 设备区；第二区域是低端阀厅及主控楼、极 1 高端阀厅及辅控楼、极 2 高端阀厅及辅控楼等挖方区域。主辅控楼虽然都在 4～5 月开挖，但由于此部位土方已进行了保温，不存在冻土开挖现象。但由于 4 月夜间气温较低，开挖出的土方未及时进行保温，回填时存在冻土回填的情况。

极 1 辅控楼于 2016 年 4 月 4 日开挖完成并进行地基验槽，地基验槽由业主、地勘、设计、监理、施工共同参与，验收合格后进行了基础施工，图 1-6-6 所示为地基验槽记录及施工过程照片。

图 1-6-6 地基验槽记录及施工过程

（a）辅控楼开挖照片；（b）现场夯实照片

3. 设计方面原因

（1）针对泵坑深基础附近的浅基础，未采用稳妥可靠的基础形式。阀冷室内设备基础处于挖方区、下部均为原状土。但设计时未考虑到泵坑深基础开挖需要放坡，会对相邻阀冷设备浅基础底部的原状土产生扰动破坏，且在此情况下未采用可靠的基础形式及换填措施。

（2）设计深度不足，未考虑到基础周边空间狭小对土方回填的不利影响。通过现场踏勘，地面整体沉降主要由于固结沉降原因，地面沉降较大部位主要为泵坑及建筑物墙体周边，考虑由于基础或墙体影响，人工压实在基础交接部位可能较其他部位困难，质量难于保证。

（3）设计未考虑深回填区域土体自然固结沉降导致的沉降不均匀。泵坑深基础位于原状土地基上，循环水泵基础及地坪位于回填土地基上，未在设计中采取措施预留差异沉降量，从而导致地坪拉裂。

4. 施工方面原因

（1）土方回填施工后未预留足够的固结沉降时间。根据 GB 50007—2011 中 7.5 节的规定，大面积的填土，宜在基础施工前三个月完成。回填到顶检测合格后直接开始地坪基础的施工，导致地坪面层施工完成后下部土体的固结沉降仍在继续，引发地坪开裂。

（2）墙体、基础之间空间狭窄，且未及时与监理、设计沟通改变此处做法。通过现场踏勘，阀冷设备平台基础的整体沉降主要由于下层地基土固结沉降所致。沉降较严重区域出现在泵坑及周边墙体附近。考虑由于基础和墙体影响，基础交接部位的人工夯实碾压工作存在空间狭小，难以作业，回填质量难以把控。

5. 监理方面原因

（1）对寒冷地区施工工艺不够熟悉。由于现场监理人员特别是土建专业监理，大多来自南方，对于寒冷地区施工工艺和技术规范不够熟悉，惯性思维导致相关的风险辨识不全面，对于寒冷地区施工考虑不周全。

（2）图纸审查深度不够。图纸审查时未能发现泵坑与阀内冷设备之间施工难度，未能提出监理意见。

【指导意见/参考做法】

1. 整改情况

通过注浆方案研讨及可行性试验，现场最终决定采取素水泥浆（添加减水剂、速凝剂、膨胀剂）低压注浆加固方案进行处理。注浆加固施工过程采用先外后内、分序间隔跳跃的注浆方式，控制短时间内注浆对基础底部土体的影响范围不会扩散到整个设备基础，从而保证施工过程中的基础稳定。

2. 设计方面

（1）对于深基础附近的浅基础，采用合理可靠的基础型式或换填方案。对类似阀冷室内设备基础基底土质的判断不仅考虑原始土质情况，还应考虑是否受周边基槽开挖影响存在二次回填的情况，采用合理可靠的基础形式或换填处理方案。阀冷设备基础优先采用独立基础且基础底部直接坐落在原土地基上的设计方案，避免出现不均匀沉降风险。

（2）深化设计：在设备间狭小部位及人工难以回填碾压部位，应考虑换填砂石或换填毛石混凝土的设计措施，保证地基承载力及稳定性要求。

（3）加强现场设计工代地基验槽时对基底土质的把关工作。当出现实际情况与施工图不一致时，及时提出设计变更。加强施工过程中同各参建单位的沟通。

3. 施工方面

（1）施工图会审及主控楼施工方案审查阶段，关注阀冷设备间室内有无深开挖、是否影响阀冷设备基础底部土质情况。确保阀冷设备基础底部土质及处理方案满足地基承载力及稳定性要求。

（2）在基础交接部位、地域狭窄等人工、机械等压实工器具难以进入的部位，应及时与监理、设计、建设管理单位沟通，对此种区域改变压实方式或更改回填材料，确保基础交接部位、地域狭窄等部位满足地基承载力及稳定性要求。

（3）针对回填土地基，在施工组织中应充分考虑预留足够的固结沉降时间，避免回填完成后马上开始基础施工。

4. 监理方面

（1）工程开工前，监理人员应针对工程开展专项具有针对性的交底、培训，确保到场监理熟悉掌握工程技术难点和重点，确保工程质量控制达到设计及规范要求。

（2）施工图会审及主控楼施工方案审查阶段，重点关注阀冷设备间室内有无深开挖，是否影响阀冷设备基础底部土质情况。确保阀冷设备基础底部土质及处理方案满足地基承载力及稳定性要求。

（3）加强地基验槽对土质与设计图符合性的确认工作，发现不符的情况必须通过设计变更单提出处理措施，严禁未经设计确认对不符部位盲目施工。

案例7 换流站阀冷设备间未设计排水措施

【案例描述】

由于阀冷设备间地漏位置设计不合理、数量不足，导致阀冷设备间地面有积水，如图1-7-1所示。

图1-7-1 阀冷设备间地面有积水

【案例分析】

在换流站的设计中，设计院根据厂家提资开展施工图设计，由于厂家提资上地漏有部分缺失，导致无地漏的阀冷设备间地面有积水排不出去。在土建施工图纸中应该明确地漏管道的埋设，包括管道的型号、材质及用途。

【指导意见/参考做法】

1. 设计方面

在初步设计阶段，厂家向设计院进行提资后，设计院应根据厂家提资要求，在阀冷设备间土建管道施工图中加入地漏的具体位置，包括管道材质、型号以及用途。

2. 施工方面

在土建施工阶段进行地面施工时，应将地漏排水管道施工完毕。避免后期增补施工，破坏地面，影响工艺美观。

第二章 阀 厅

案例 1　阀厅灯具位置和高度未考虑阀吊梁影响

【案例描述】

阀厅照明灯具光源高度与屋架下弦工字钢在同一标高，极 1、极 2 低端阀厅灯具安装完毕，根据灯具实际布置情况，部分灯具侧下方的阀吊梁遮挡部分光源，影响阀厅照明亮度。

【案例分析】

（1）设计单位确定灯具安装高度时，未充分考虑阀塔吊梁对照明效果的影响。

（2）施工图中灯具平面位置虽然已经考虑了灯具不被屋架遮挡，不位于阀厅内换流阀、悬吊绝缘子等设备正上方等要求，CAD 图纸上位置是合理的，但是基于以往设计习惯，没有标明定位尺寸，造成施工执行无法准确定位。

【指导意见/参考做法】

1. 整改情况

工代和施工单位现场核对灯具的平面位置，校核电气距离后，确定调整方案，将阀厅灯具最低点标高下调到与阀吊梁平齐，以免阀吊梁影响灯具采光度。

2. 设计方面

（1）在施工图纸设计时，应在照明布置图纸中示意设备及设备吊梁结构，灯具安装高度和定位避开设备及设备吊梁。

（2）根据阀厅屋架结构及主设备的位置给出精确定位尺寸，施工单位严格按图施工，避免现场调整。

案例 2　阀厅内巡视走道未设置测温窗口

【案例描述】

阀厅内检修平台（巡视走道）按照成套设计要求采用双屏蔽笼设计。运行验收时发现，手持红外测温等设备对阀厅内设备对焦时，双屏蔽笼会对其产生影响，如图 2-2-1 所示。

【案例分析】

以往工程阀厅内采用双屏蔽笼的很少，设计时没有提前收集到手持设备对焦需求的信息，没

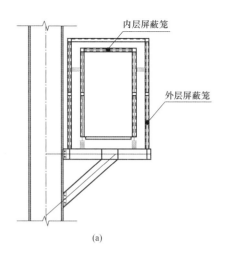
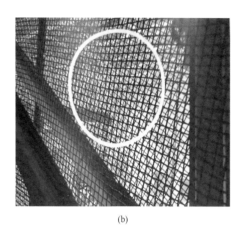

(a) (b)

图 2-2-1　双屏蔽笼对设备对阀厅内设备对焦的影响

（a）双层屏蔽笼典型断面；（b）双层屏蔽笼影响观察

能提前考虑在内屏蔽笼设观察窗。

【指导意见/参考做法】

1. 整改情况

设计工代和运行人员在现场确定了需增加活动窗口的位置，在图纸明确需更换带活动屏蔽窗的内屏蔽网标准件的做法和位置，如图 2-2-2 所示。

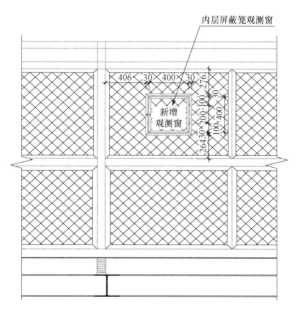

图 2-2-2　内层屏蔽笼新增观测窗示意图

2. 设计方面

（1）采用新做法新工艺时，需充分考虑运行使用的要求。

（2）运行人员参加施工图评审，从运行使用方面对施工图做法提意见，避免完工后改动。

案例 3 低端阀厅屋面巡视走道支座防水构造不合理

【案例描述】

极 1、极 2 低端阀厅之间的防火隔墙按照消防要求，屋脊框架顶部混凝土梁高出屋面。建筑专业和压型钢板厂家配合采用了屋脊混凝土梁上设置钢结构走道的方案，走道支座采用化学锚栓固定在屋脊梁上，支座穿屋脊防水封板位置采用防水胶封堵。施工实施后，发现极 2 换流变压器 YyB 相大封堵处出现漏水情况，极 1 换流变压器 YdC 相阀均压罩上方屋面滴水。经分析，极有可能是由于屋脊走道支座防水胶封堵不严，导致大风大雨时雨水渗入。

【案例分析】

1. 设计情况

原走道方案支座防水构造难以通过现有施工工艺准确实现。最初设计意图是化学锚栓和支座底板在屋脊封板的下方，先于屋脊封板施工，穿过屋脊防水板的只有化学锚栓的栓杆。栓杆穿孔缝隙很小，密封容易。

2. 施工方面原因

实际施工时，化学锚栓和支座板尚未完成，压型钢板就要封闭屋脊封板，造成了后续施工只能在屋脊封板上开埋件大小的方孔以安装化学锚栓和支座板，在支座板周边打胶封闭，造成支座朝天的防水缝隙较多，难以严密地封闭。加上屋脊封板和支座板没有刚性连接，打胶处容易受外力扰动破坏密封。

【指导意见/参考做法】

1. 整改情况

漏水事件发生后，现场拆除原有钢走道及爬梯，在原屋脊封板上加装新的屋脊封板构造，在屋脊封板范围以外的一侧屋面新建夹具以固定钢走道及爬梯。

2. 设计方面

（1）需加强设计院与压型钢板家的配合，采用标准化、成熟可靠的屋面防水构造，屋脊节点迎水方向不采用完全靠密封胶封堵的防水构造。

（2）加强工代对现场关键施工工序的跟踪，贯彻设计意图。

（3）加强设计交底和会检时对关键工序的解释，听取施工单位等现场各方意见，确保设计意图可以通过现有成熟施工工艺实现。

案例 4 阀侧封堵与换流变压器升高座连接油管相碰

【案例描述】

施工单位在对极 1 高端阀厅与换流变压器防火墙之间的阀侧套管孔洞实施防火封堵时，发现结构岩棉复合防火板封堵板材被高端换流变压器阀侧套管升高座连接油管阻挡，无法进行封堵板材安装作业，如图 2-4-1 所示。

【案例分析】

设计人员立即对某±800kV换流站换流变压器阀侧套管的相关设计文件（包括设计输入及输出文件）进行了核查。

（1）设计单位的接收的"换流变压器阀侧套管防火墙开孔资料"由设备厂家通过电子邮件发给设计人员，设计人员按照厂家提资完成了《换流变压器阀侧套管防火墙开孔封堵图》（分册号：40‐BA06931S‐T0104）的设计工作，16张设计图纸（院内校审完成）经设备厂家技术人员校核确认并签字盖章。

图2‐4‐1 高端换流变压器连接油管现场照片

（2）在设备厂家提交的"换流变压器阀侧套管防火墙开孔资料"（厂家最终资料）中未提出封堵板预留阀侧套管升高座连接油管开孔要求，从提资到现场实施的7个多月时间内，设备厂家也未向设计院提出在封堵板材上增加阀侧套管升高座连接油管开孔的补充要求。

【指导意见/参考做法】

业主项目部、监理项目部召开了"解决高端换流变压器油管与穿墙套管大封堵碰撞问题"专题会议，会议讨论形成解决方案如下。

1. 整改情况

（1）安装结构岩棉复合防火板不对高端换流变压器连接油管进行拆除，现场对换流变压器阀侧套管升高座连接油管的具体定位进行测量，绘制的封堵板材切割、开槽图，施工单位在现场对结构岩棉复合防火板材进行切割、开槽。

（2）对结构岩棉复合防火板材进行现场开孔时，不锈钢面板和防火岩棉芯材被切除一部分，开孔部位应实施严密封堵，以保证封堵部位的防火、电磁屏蔽、气密等性能不被削弱。具体措施如下：

1）连接油管与结构岩棉复合防火板开孔部位之间的空隙用硅酸铝纤维防火棉填充密实。

2）结构岩棉复合防火板开孔部位两侧，即阀厅室内侧和阀厅室外侧采用0.5mm厚不锈钢板将切割和开孔部位完全覆盖。

3）通过ST 4.8×19不锈钢自钻自攻螺钉将0.5mm厚不锈钢板与结构岩棉复合防火板进行固定，螺钉间距70～100mm。

4）0.5mm厚不锈钢板的连接油管圆心开孔与连接油管之间的缝隙（外露表面）应采用聚氨酯耐候密封胶封涂密实。

2. 设备厂家方面

换流变压器厂家应及时提供完整的工艺需求或改进设备工艺，尽可能减少封堵板上小部件的开孔。

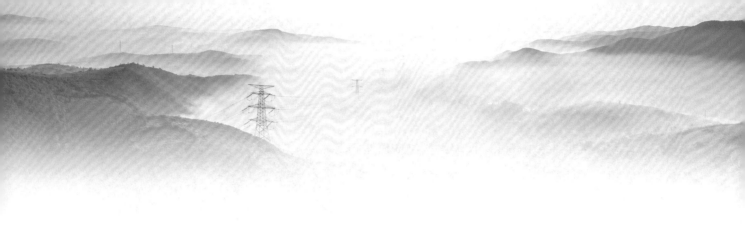

第三章 轨道广场及防火墙

案例 1　阀冷设备保温室与防火墙上 750kV 设备安全距离不足

【案例描述】

某换流站空冷器保温室的设计和供货均由阀冷厂家负责。设计院收到空冷器保温室的设计图纸较晚，校核后发现空冷器保温室与极 1 低端换流变压器防火墙上电气设备带电距离不满足于要求。

【案例分析】

1. 设计情况

换流区空冷器保温室极 1 和极 2 分别对称布置，低端换流阀空冷器保温室检修爬梯的位置原先布置于南侧（靠近防火墙侧）。

2. 设计方面原因

初步设计阶段，在布置换流变压器区域时，空冷器保温室的高度参考以往工程经验。施工图阶段，阀冷厂家未及时提供该工程的空冷器保温室资料，经核实该工程空冷器保温室屋架下弦比以往工程提高了 2.73m，屋面检修步道高度为 13.277m。

经核算若爬梯继续设置于南侧（靠近防火墙侧），保温室的整体高度需要降低 2.5m；若爬梯继续设置于北侧（靠近换流变压器主运输道路方向），保温室的整体高度需要降低 1m。

【指导意见/参考做法】

1. 整改情况

结合现场实际施工情况，采用以下方案解决空冷器保温室与防火墙上 750kV 设备安全距离不足的问题。

（1）将原极 1 低端的空冷器保温室安装到高端侧。

（2）将阀冷防冻保温室的高度降低 1m 重新加工。

（3）将爬梯设置调整为远离换流变一侧。

2. 设计方面

（1）施工图设计阶段，应对厂家提资时间提出严格要求，以保证出图或施工前校核带点距离等关键尺寸，如厂家不能按时提供资料，则应及时和业主、物资单位沟通，配合现场施工进度，提出合理的提资时间等。

（2）收到厂家资料后，并注意及时核实设备厂家提供的外形资料，关注资料中与之前工程的区别，避免类似问题再次发生。

案例 2 低端阀外冷管道与保温棚钢构件安装位置冲突

【案例描述】

安装低端阀外冷管道时，出现阀外冷管道与保温棚钢构件冲突情况。

【案例分析】

设计院钢结构和阀冷安装两个专业提资配合和校核不到位，导致问题发生。

【指导意见/参考做法】

将保温棚存在冲突的钢构件拆除，安装阀冷管道后，由设计院重新出图对钢构件进行补装，如图 3-2-1 所示。

(a)   (b)

图 3-2-1 钢构件冲突、拆除钢构件

(a) 阀外冷管与保温棚钢构件冲突；(b) 拆除保温棚钢构件

设计阶段要重视专业之间的接口配合，并加强图纸校核管理，避免出现此类问题。

案例 3 阀侧升高座法兰与洞口立柱距离不足

【案例描述】

某换流站 600kV 高端换流变套管升高座法兰与防火墙距离过小（未相碰），不满足施工安全间距（约 50mm）的要求。问题发生后，经厂家三维设计软件核对，套管 a 升高座法兰距离混凝土墙面的距离约为 9.45mm，套管 b 升高座法兰距离混凝土墙面的距离约为 14.39mm，如图 3-3-1 所示。

【案例分析】

（1）由于消防提升要求，目前阀厅防火墙上换流变阀侧洞口由以外的一个大洞口通过2根套管改为每根套管1个洞口，洞口相邻处设与防火墙相同厚度的钢筋混凝土柱，以达到缩小大封堵和抗爆门跨度，适应达到耐火极限的大封堵新型板材跨度，提高抗爆门承载能力的目的。

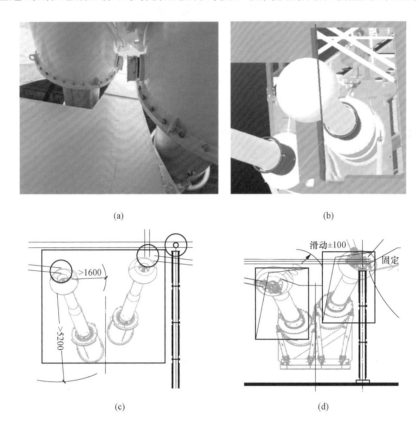

图3-3-1　阀侧升高座法兰与洞口立柱距离不足

(a) 现场图；(b) 模拟图；(c) 设计图；(d) 实际图

（2）以往一个大洞口的设计，套管与洞口边缘的距离在设计时可以预留较大的裕度（约300mm），而2个洞口的设计，由于阀侧a、b套管升高座之间距离不大，设计配合良好的情况下，升高座与柱边的距离实际能留出的间距在几十毫米左右。

（3）某站高端换流变厂家在设计配合，核实换流变阀侧套管、升高座与混凝土墙、大封堵的距离时，没有按实际情况考虑a、b套管之间的混凝土柱厚度与防火墙厚度一致（400mm），而是用原来一个大洞口的方式核对，认为两根套管中间均为大封堵厚度280mm，而变电一次设计人员根据厂家二维图纸进行核对，也没有发现这个问题，因此造成600kV高端换流变压器套管升高座法兰与防火墙距离过小（未相碰），不满足施工安全间距（约50mm）的要求。

【指导意见/参考做法】

1. 整改情况

经现场测量和结构校核验算，在满足结构安全的前提下，现场在升高座法兰与柱身接近的位置剔凿2道100mm×80mm的凹槽，满足了换流变压器安装就位的空间要求。

2. 设计方面

（1）设计与换流变压器厂家配合校验换流变压器阀侧套管安装尺寸和距离时，需提供全部洞口关键构造细部尺寸并告知换流变压器厂家。

（2）换流变压器厂家应使用三维软件对洞口和设备精确建模，校核碰撞及距离问题。

（3）设计预留的设备与建筑结构距离要考虑安装需要，不宜过近。

案例 4　换流变压器累计误差超标导致小车无法推入

【案例描述】

某换流站工程进行极 1 高端 Yy B 相换流变压器上台时，发现搬运轨道标高与基础标高之间相对高度为 1185mm，高于图纸要求的 1150mm，由于误差较大导致换流变压器无法在基础上就位。

【案例分析】

该换流站极 1 高端换流变压器搬运轨道与换流变压器基础分别由两家施工单位进行施工，在出现问题后，实测了搬运轨道标高与基础标高，按照各自的标高基准点引测后，误差均在 2mm 左右，均没有问题，但以一家单位的基准点复测另一家的标高时误差较大，经过分析，确定是由于两家单位在换流变压器位置的累计高程误差较大，且换流变小车承重后受换流变压器重量影响会发生少量弯曲变形，导致相对高度不满足要求，换流变压器无法安装就位。

【指导意见/参考做法】

1. 整改情况

按照搬运轨道与基础顶面的相对标高 1150mm 控制，将搬运轨道标高适当调高，保证换流变压器顺利安装就位。

2. 设计方面

在设计阶段充分考虑小车本身的弯曲及施工误差，将基础顶面标高高差与小车高度之间的高差适当调大。

3. 施工方面

（1）在进行换流变及搬运轨道施工时，不管是否为一家单位施工，应采用同一标高点，确保相对标高满足要求。

（2）将可能存在这种误差的部位交由一家施工单位施工。

案例 5　换流变压器防火墙尺寸偏差大，设备支架安装困难

【案例描述】

在现场安装低端防火墙上支架时，发现支架与防火墙厚度无法匹配导致无法顺利安装。经查阅图纸发现支架两根部间距 300mm，但防火墙厚度大于 300mm，导致无法安装。

【案例分析】

经现场复测，发现支架厂家尺寸正常，系防火墙浇筑时厚度偏大。

【指导意见/参考做法】

1. 整改情况

施工单位对支架安装处防火墙进行打磨处理。

2. 施工方面

（1）土建施工单位在浇筑时加强此部位钢模板的紧固，减少胀模。

（2）电气施工单位充分利用土建和电气交付时间差，在防火墙浇筑后对尺寸进行提前复测，并将复测结果告知生产加工厂家。

（3）支架厂家尺寸按防火墙厚度增加6mm加工，严禁负误差。

【指导意见/参考做法】

第四章　GIS 室及继电器室

案例 1　某特高压变电站 GIS 基础出现沉降

【案例描述】

某 1000kV 特高压变电站工程，1000kV GIS 厂家提供的基础沉降要求是 GIS 本体基础中两个独立基础大板的不均匀沉降差不应大于 20mm；进出线套管基础与 GIS 本体大板基础之间的沉降差值不应大于 25mm。该工程投运 1 年后经沉降观测发现，1000kV GIS 分支母线基础的不均匀沉降超过设备厂家允许值。后续观测发现，基础沉降尚未稳定，可能影响安全运行，需采取处理措施。

【案例分析】

1. 设计情况

1000kV 配电装置区建（构）筑物地基采用级配碎石换填，并与场平土方工程同时进行，清除场地耕植土及冻土后，回填级配碎石至基底标高，级配碎石最大填方高度 3.75m，最小填方高度 0.21m，平均厚度 2m。其中，1000kV GIS 基础基底级配碎石回填最大厚度 3.75m。

1000kV GIS 基础采用平板式筏形基础＋支墩的型式，本体基础与分支母线套管基础独立设置，本体基础之间设置变形缝，详见图 4-1-1、图 4-1-2。

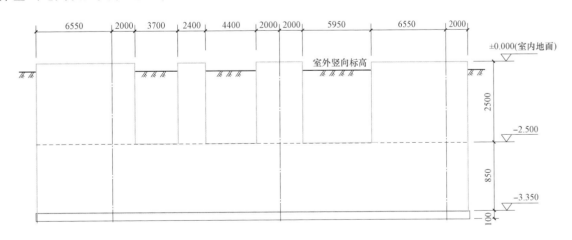

图 4-1-1　1000kV GIS 基础平面布置图

2. 施工情况

级配碎石换填施工，清除地表 20cm 耕植土；铺筑砂石应满足设计级配要求，每层不超过 30cm，采用重型压路机碾压，碾压遍数根据现场试验确定，一般不少于 4 遍，轮距搭接不少于

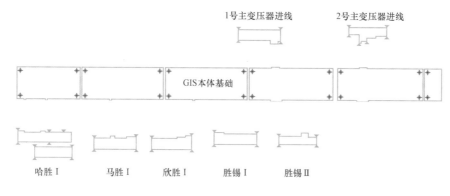

图 4-1-2 变形缝设计

50cm；下层密实度经检验合格后，方可进行上层施工。

GIS 基础施工要点如下：

（1）基底至持力层采用级配碎石换填，虚铺厚度≤250mm，宽出基础范围 1m，压实系数≥0.97。

（2）GIS 基础水平偏差±1mm/m，总偏差在±5mm 范围内。GIS 基础预埋件中心偏差≤5mm，水平偏差±1mm/m，相邻基础预埋件水平偏差≤2mm，整体水平偏差≤5mm，详见图 4-1-3。

图 4-1-3 GIS 设备基础基坑验槽

3. 排水系统施工

站区雨水通过设于路边的雨水井、排水管道流入站区西南侧雨水泵池，经排水泵提升后排入站外南侧雨水积蓄池。雨水泵池入口前排水管道采用无压管道，采用Ⅲ级承插式钢筋混凝土管，承插式橡胶圈柔性接口，管径 DN300～DN1000，埋深为 2.70～5.30m。

4. 设计方面原因

（1）排水管道与设备基础距离不满足规范要求。根据《室外排水设计规范》（GB 50014—2006），对于排水管道和建筑物水平净距，当管道埋深浅于建筑物基础时，不宜小于 2.5m；当管道埋深深于建筑物基础时，按计算确定，且不应小于 3.0m。

该特高压变电站排水管道与 GIS 分支设备基础距离过近，净距约 1.1m，不满足规范要求，详见图 4-1-4。

（2）换填垫层厚度不满足规范要求。根据《建筑地基处理技术规范》（JGJ 79—2012），换填垫层厚度宜为 0.5～3m。

该特高压变电站 1000kV GIS 设备基础下级配碎石换填厚度为 3.75m，场地回填最大厚度超过 6m，主要原因有：一是换填厚度超过 3m 时，不再属于浅层处理地基，应采用压实或夯实地基；二是各基础下方厚度不一，差异性较大，易发生不均匀沉降；三是图纸对 GIS 基础下方换填材料标注不细致。

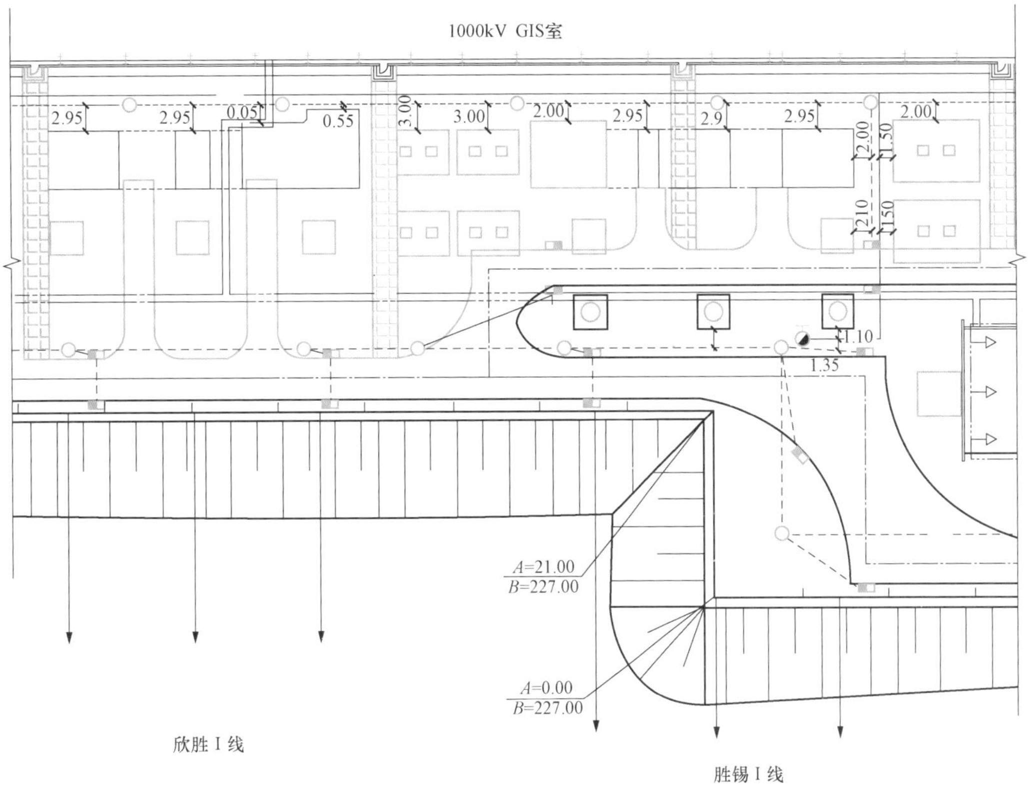

图 4 - 1 - 4　水工管线与基础平面图

（3）场地排水存在盲区，未设隔水层。该特高压变电站 GIS 基础周围电缆沟、巡视小道较多，场地形成排水盲区导致积水。场地未设隔水层，致使雨水和地表积水透过回填层侵害地基土，进而导致设备基础发生沉降。

（4）设计对当地特殊环境考虑不足。该特高压变电站环境较为特殊，雨季会有短时突发暴雨，且掺杂较多泥沙。设计方案中采用的排水泵采用液位计感应压力而实现自动启动功能。由于泥沙较多，液位计感应压力功能逐渐失效，导致不能实现自启动。

5. 施工方面原因

（1）基础周边回填土碾压不密实。沉降问题处理期间，设计单位勘查基础附近的 4 个钻孔，回填土压实系数（实测值 0.78～0.93，平均 0.87）未达到设计要求（不应低于 0.95）。

基础周边回填土下沉成为周边的相对低点，地表水汇水、下渗后，地基土遇水软化，加剧了基础周边土体沉降。

（2）排水管道施工未严格按图施工。该特高压变电站排水管道末端设计管径为 DN1000，实际管径为 DN800。排水管道局部存在坡度不足问题，个别管底标高高于上游管底（约 400mm）。综合楼污水管错接入雨水管。

（3）施工单位成品保护措施不到位。排水管道安装完毕后，施工单位未对排水管道采取有效、可靠的成品保护措施，排水管道局部出现破损，部分管道有遗留混凝土堵塞，导致排水功能降低。多种因素作用下，当发生强降雨、暴雨时，排水管道出现排水不畅，积水沿管道破损处下渗，进一步加剧了地基土软化。

（4）施工记录未如实反映现场情况。隐蔽工程签证记录填写不规范、不真实，未如实反映现场实际情况，如备品库西侧管道坡度超差、GIS室北侧管道坡向错误、雨水泵池管道管径错误、污水管错接入雨水井等。

6. 监理方面原因

（1）现场监理员质量意识欠缺。现场监理员质量意识欠缺，责任心不强，在施工图会检、监理旁站、隐蔽工程验收、实测实量、质量验收等各环节中连续缺位，导致设计图纸有瑕疵、施工未落实设计要求。

（2）图纸审查制度执行不到位。监理单位组织施工图会检和设计交底时流于形式，未能结合当地特殊情况及以往工程经验提出有益的建议和意见，未能发现设计图纸中存在的瑕疵。

（3）施工质量过程监督不到位。材料进场验收时，监理未严格按照设计图纸复核换填碎石材质和管道管径；施工过程旁站时，监理未督促施工单位按照标准工艺要求进行换填施工和排水管道施工；现场见证试验时，未严格按照相关规范要求对换填垫层取样试验；隐蔽工程验收时，监理对关键项目检查流于形式，未严格按照设计图纸检查压实度、管道坡度坡向和管网连接部位；工程完工后，监理未严格按照设计图纸开展验收，未及时发现因成品保护不到位造成的管道破损等问题。

【指导意见/参考做法】

1. 整改情况

（1）母线支撑调整。为避免基础沉降影响设备安全运行，结合该特高压变电站停电检修窗口，组织相关单位分4次7个阶段，通过增加垫片等方式，对主母线和分支母线支撑进行调整，使相邻支架高度差满足安全运行的标准。

（2）排水系统整改。组织相关单位对排水系统缺陷进行修复，包括更换管道、管道清淤、维修雨水泵等。

（3）场地平整。组织相关单位对GIS区域进行场地处理，包括新增排水沟、场地防渗、场地硬化、管道修复四个分部工程。

2. 设计方面

（1）优化站区排水设计。对于地面设施密集区域（设备基础、电缆沟、巡视道路）应采取有组织排水，地下排水管道应远离重要设备基础或者采用地面排水明沟暗渠等方式；GIS区域场地封闭应设场地隔水层（可选用灰土防渗层或土工膜）；地质条件较差时，雨水管网宜全部或部分采用地面明沟或暗渠的方式；雨水泵池应设水位监测报警装置，并将信号接入主控室。

（2）优化地基基础设计。较差的地质条件或深填方区的重要建（构）筑物，应制订专项地基处理措施。换填材料应优先选用质量可控、变形小的毛石混凝土；同一基础下的换填厚度应尽量保持一致；如采用级配砂石换填地基时，深度不应超过3m；设计应优化基础形式，优先采用箱型基础、桩基等刚度大的基础，提高地基与基础的稳定性。

3. 施工方面

(1) 场地回填施工。严格控制回填施工质量，回填土不得使用淤泥、耕土、冻土、膨胀土及有机质大于5%的土料；施工过程应严格按设计及规范要求控制填料的粒径、配比、含水率等参数；回填应按设计要求分层回填压实，分层厚度一般不超过30cm，压实方式和压实遍数根据现场试验确定，换填垫层的施工质量检验应分层进行，下层压实系数检验合格并经验收后方可进行上一层施工，对建（构）筑物周边碾压密实情况应重点检查。

(2) 雨水管网施工。严格控制地下雨水管道施工质量，管底垫层（砂石垫层、混凝土垫层）应严格按照设计要求施工，避免管道基底不实；雨水管最小管径不小于300mm，最小排水坡度塑料管不小于2‰、其他管不小于3‰；雨水口宜采用成品雨水口，宜设置防止垃圾进入雨水管渠的装置，雨水口深度不宜大于1m，并根据需要设置沉泥槽，遇特殊情况需要浅埋时，应采取加固措施；管道对接施工应严密，排水管道安装完成后应按GB 50268的规定进行管道严密性试验（严密性试验分为闭水试验和闭气试验，按设计要求确定试验方案；当设计无要求时，应根据实际情况选择闭水试验或闭气试验进行管道功能性试验）；雨水管道安装完成后应逐层回填碾压密实，管道穿过道路如有超重型车辆通过，应采取保护措施，如垫钢板、枕木等分散荷载的措施，避免造成管道受损、破坏。

4. 管理方面

(1) 加强设计阶段管理。应根据工程特点借鉴同类工程经验开展设计，对设计方案进行优化完善，提高设计方案的可靠性；重要建（构）筑物基础或重要设备基础的地基处理方案，应组织专家对可能存在的质量隐患进行评估；应组织设计相关专业人员对站区排水、消防等功能设计进行专项审查，校验排水系统、消防系统的完善性、可靠性与实用性；应组织设计人员及勘测人员及时对基槽进行验槽，发现地质情况与勘察报告不相符应进行补勘，并出具明确意见，验槽合格后方可继续施工。

(2) 加强现场施工管理。根据工程特点，组织相关单位编制针对性的质量管理策划文件，明确本工程执行的工艺标准、技术标准清单和质量控制措施；严格要求监理人员履职尽责，把好设备、材料进场关，严禁不合格设备、材料进入现场；把好质量验收关，严格按照设计图纸、工艺标准做好过程验收，对地基基础等重点部位、管道铺设等关键工序全程旁站监督，相关试验项目由监理委托第三方开展；加强施工人员管理，检查施工项目部质量管理体系和制度措施的有效性，严格按照审定的方案施工，做实技术交底和质量自检，严肃执行工艺纪律，避免质量隐患的发生。

案例2　某特高压换流站GIS套管基础出现沉降

【案例描述】

某换流站运行单位在雨后巡查时发现某相出线避雷器与GIS管母线支架基础之间地面塌陷，检查设备未发现异常。运行单位组织设计院对现场基础进行沉降监测，发现某相GIS基础沉降数据9个月内最大偏差达32.4mm。该相GIS分支管道母线区域出现了多处塌陷。本次设备基础及场地沉降区域位于换流站西北侧的降压变压器区，具体为511B站用变压器的GIS分支母线A相套管支架基础附近区域，如图4-2-1和表4-2-1所示。

(a)　　　　　　　　(b)

(c)

(d)　　　　　　　　(e)

图4-2-1　GIS套管基础出现沉降

（a）地面塌陷（一）；（b）地面塌陷（二）；（c）基础沉降示意图；（d）管母线受力（一）；（e）管母线受力（二）

表4-2-1　　　　　　　　　　　　基础沉降观测数据结果

测点	测点相对标高(m)	2020年5月31日				2020年12月31日				2021年9月25日			
		标高(m)	本次沉降(mm)	累计沉降(mm)	本期沉降速率(mm/d)	标高(m)	本次沉降(mm)	累计沉降(mm)	本期沉降速率(mm/d)	标高(m)	本次沉降(mm)	累计沉降(mm)	本期沉降速率(mm/d)
G162	185.6264	185.6262	0.6	0.2	0	185.6256	0.6	0.8	0	185.6255	0.1	0.9	0.00
G163	185.2057	185.2055	0.5	0.2	0	185.2053	0.2	0.4	0	185.205	0.3	0.7	0.00
G164	185.5239	185.5232	1.2	0.7	0.01	185.5229	0.3	1	0	185.5214	1.5	2.5	0.01
G165	185.4197	185.4139	1.5	5.8	0.01	185.4127	1.2	7	0.01	185.3803	32.4	39.4	0.12
G166	185.3603	185.3577	1.6	2.6	0.01	185.3569	0.8	3.4	0	185.3475	9.4	12.8	0.03
G167	185.5701	185.5714	0.5	-1.3	0	185.5706	0.8	-0.5	0	185.5707	-0.1	-0.6	0.00

【案例分析】

1. 设计情况

根据设计院提供的工程建设阶段的地质报告，站址地质承载力非常高，地基土工程性能较好，土质均匀。站区地基方案在工程建设中采用天然地基方案。对于下部有回填土或其他地质异常土，采用换填处理。对于临近基础的管道采取保护措施。

根据 GB 50007—2011，该工程场地季节性冻土标准冻深为 160cm。根据勘察及现场试验结果，②层粉细砂载荷试验地基土承载力特征值为 280～300kPa，考虑其标贯击数在 10～14 击，平均值 11.8 击，经与《工程地质手册（第四版）》经验值综合分析确定，②层粉细砂承载力特征值为 200kPa，其余各层土的地基土承载力特征值的推荐值见表 4-2-2，其中③₁ 粉砂、④₁ 粉质黏土土质较少，该层在站址区局部地段存在。

表 4-2-2　　　　　　　　　　　　各层地基土承载力特征值一览表

指标 地层	地基承载力特征值 f_{ak}（kPa）			
	按物理力学指标估算	按标贯试验锤击数估算	载荷试验值	综合推荐值
①粉细砂	—	80-110	—	100
②粉细砂	—	140～171	280～300	200
③粉细砂	—	151～242	—	220
③₁粉砂	—	100～130	—	110
④粉细砂	—	203～290	—	250
④₁粉质黏土	140～260	200～260	—	200

根据工程特点要求和可研初设审定方案，500kV 侧 GIS 套管基础采用钢筋混凝土独立基础。根据场地冻深条件，基础标高－3.00m。基础采用上部支墩＋下部大底板的结构形式，底板尺寸 5.20m×4.35m。

2. 基础周边特点

该区域地下水位－2.5m，基底为天然粉砂土质，承载力满足设计要求。附近布置有雨水泵池及埋深－6.2m 的高密度聚乙烯（HDPE）双壁波纹管雨水排水管道，具体见图 4-2-2。该区域地下水位－2.5m，基底为天然粉砂土质，承载力满足设计要求。附近布置有雨水泵池及埋深－6.2m 的雨水排水管道，具体见图 4-2-3。

根据《室外排水设计标准》（GB 50014—2021），塑料管材可作为排水管材使用，该工程雨水管道采用高密度聚乙烯（HDPE）双壁波纹管，符合规范要求。经计算，选用高密度聚乙烯（HDPE）双壁波纹管 SN8 级可满足本站承载力的要求。本站管道连接方式采用柔性连接方式，即承插式橡胶圈密封连接，管道基础采用砂砾垫层基础，可以更好地抵抗沉降，保证管道的可靠性。另外，塑料材质管道施工时，对管材控制和施工回填质量的要求较严。

结合 2018 年排水改造方案，对全站进行排水系统进行改造。按照地下的管道用压力注浆封堵，避免管道雨水流动；地上雨水采用明沟排水的思路，对全站进行管道封堵和排水改造。其中，对降压变压器区的主雨水管道均采用压力注浆封堵。

3. 施工情况

根据设计图纸要求，排水管采用 HDPE 高密度聚乙烯双壁波纹管。

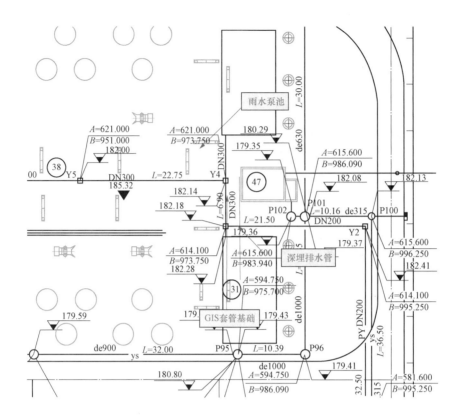

图 4-2-2　GIS 分支母线基础周边平面布置图

注　图中标高单位为 m。

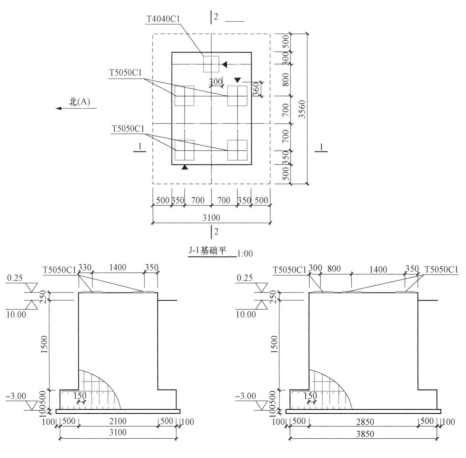

图 4-2-3　GIS 分支母线基础施工图

511B 站用变压器 500kV 侧 A 相 GIS 套管基础埋深 −3.0m，位于基础边缘西侧 −5.2m 位置埋设一根直径 1.0m 的 HDPE 排水管。排水管沟施工开挖深度 −5.9m，开挖过程中采用疏干井管降水，水位有效控制在 −6.5m 以下。

施工中，依据《给水排水管道工程施工及验收规范》（GB 50268—2008）要求，沟槽开挖至设计高程后应由建设单位会同设计、勘察、施工、监理单位共同验槽。地基验槽过程中经设计工代确认地基承载力良好，满足设计要求，基底部分采用人工清槽。按照 GB 50268—2008 的 5.9.2、5.9.3 管道铺设及连接方式安装管道；按照 GB 50268—2008 的 9.3、9.4 条的规定进行管道的严密性试验。施工完成后报验监理单位进行隐蔽验收及严密性试验。管底铺设 200mm 厚中粗砂换填。管道连接承插式外敷热熔带连接，管道敷设完成后，进行闭水试验，试验合格后按照规范要求进行回填，回填过程全部采用人工小型震动夯机分层夯实，分层厚度为 200mm，满足设计要求的不大于 250mm，压实系数不小于 0.95。

4. 设计方面原因

（1）未意识到粉砂地基容易流失的特性。换流站为地下水较丰富的粉细砂地基，近年来该地区雨大且较为集中。经现场排查和反映，降压变压器设备沉降区域的地下水与雨水泵池仍存在连通，发现末端水管注浆封堵因虹吸作用脱落，地下水流入雨水泵池。现场推断下雨后当水池内的水充满后水泵启动抽水，加剧管道内地下水流动，扰动管道破损处的地下水和粉细砂，从而出现场地塌陷。

（2）总平面布置中地下管线走廊宽度不够。在总平面布置中，最早站用变压器区凸出一角，为了压缩占地和平面规则，导致布置过于紧凑。按照《室外排水设计标准》（GB 50014—2021），此处走廊宽度最少需 4～6m，实际情况不满足规范要求。

（3）对特殊地质工程的认识不足，设计经验较少。未采用更加可靠的设计措施提升施工质量。

5. 施工方面原因

（1）施工期间未注意到所用管材可能会在外力作用下产生变形渗漏，未提出并采取加强措施。排水管采用 HDPE 高密度聚乙烯双壁波纹管，在常规情况下较为合理。而某换流站地质情况较为特殊，土质为粉细砂，砂土粒径特别小，而排水管采用承插式外敷热熔带包覆连接，而回填时考虑到回填土压实系数要满足大于 0.95，夯实过程中对土体的挤压，可能会小范围的对管道连接口冲击而出现缝隙，而在地质情况为地下水与粉细砂混合物的情况下，抽水可能带离。

排水管与排水管之间连接、排水管与雨水井之间连接存在较多的连接口，施工工艺要求较高，再加上外力的扰动（回填碾压、周边荷载不断增加等），这就大大提高了渗漏的可能性。降雨后地表水汇入泵池，水泵启动又加剧负压抽吸作用，导致管道连接处撕裂。

（2）施工方案中缺乏对粉砂质土体的针对性措施。某换流站地质情况较为特殊，土质为粉细砂，砂土粒径特别小，地下水位较高且施工时难度较大，结合各种特殊因素，排水管网一般施工方案已经不能满足现场指导施工的要求，方案针对性不强，且对关键部位的施工未制订特殊的操作流程，对可能导致的渗漏未制订有效的防护措施。

（3）抽水、回填、开挖等二次施工对地下排水管扰动。因为排水管埋设深度远远大于基础底标高，遵循先低后高施工顺序原则，排水管回填过程中夯实产生的震动，可能会对排水管道有一定程度的扰动。排水管未设置相关防护措施，扰动力直接作用在排水管上，挤压排水管发生位移或者形变。再加上回填完成后，周边基坑的开挖，再次对该区域大范围的降水作业，水位的上涨与下落过程，导致排水管地下土体密度发生改变。

6. 监理方面原因

（1）图纸交底会检不到位。监理项目部进行图纸预检时未充分考虑到该地区地质及气候条件，对设计图纸交底会检未及时提出粉细砂地质、地下水位较高有相互加剧扰动基础风险，对施工项目部报审的雨水管道系统施工方案针对性措施审查不细致。

（2）成品保护与后续施工监管不到位。临近区域的构筑物基础施工压实地基时，针对粉细砂地质，使用机械外力加大了对该处基础附近地下管道成品存在的破坏作用预判不到位，未及时提醒引起施工人员注意。

（3）施工期间未对场地出现的异常情况提出正确的处理意见。针对现场地坪上的个现的别出小"集水坑"沉降现象及站外雨水蒸发池中积聚粉细砂现象，未进行深刻分析，仅组织现场施工单位采取回填土压实小"集水坑"，对站外雨水蒸发池积砂进行简单清理。未及时发现根本原因，即地下水带动粉细砂循序渐进地加大了水土流失而造成的基础沉降。

【指导意见/参考做法】

1. 整改情况

（1）旋喷桩及注浆加固。针对发生沉降的避雷器基础进行了旋喷桩加固施工，对进入雨水泵池段的排水管道采用旋喷咬合桩形成管廊结构进行防护，周边基础进行注浆。

采用加固措施对支架进行加固后将最末端的雨水井至雨水泵池的一段排水管进行封堵，减缓地下水流入雨水泵池。在 A 相管母线支架基础周边采用高压旋喷咬合桩加固，利用桩体稳固土体。在设备基础下方采用斜注浆，使基础周围土体成为固化土体，形成大块或絮状土体，阻止基础继续沉降。对进入泵池的排水管口采用钢板焊接封堵，再用混凝土进行包封，彻底封死原排水管路。

（2）现场改用明渠排水。废弃原地下排水管网，改为地上明渠排水，原地下管网可能发生渗漏的部位进行压力注浆封堵，隔绝地下水扰动带走土体造成塌陷。

（3）沉降基础处置。站用电区域的管母线支架设备基础已发生两次沉降，累计沉降量较大，为保证设备安全运行，对该管母线支架基础进行上部拆除，两侧增设六根灌注桩，与原基础形成一个新的 Ⅱ 型基础，同时通过勘察手段发现站区地下空洞，采用压力注浆进行填充、固化，有效解决因砂土流失形成地下空洞而造成的沉降。

2. 设计方面

（1）地下水丰富的粉细砂区域宜避免建站。加强对特殊地质工程的认识，建议在地下水丰富的粉细砂区域避免建站。

（2）特殊地区的变电站应适当加大地下管廊的布置宽度。对特殊情况下总平面不应过于紧凑，应该相应提高地下管线走廊宽度，以便增加设计冗余度，降低施工难度，避免极端情况下问题的发生。如受客观条件限制必须建站时，建议适当加大地下管廊的布置宽度，同时提高施工质量和保证材料质量。

（3）采用地上明沟加承重格栅的排水方式。由于靠近运行设备，在此地质条件下，排水管道断裂后的维修工作风险高、施工难度大。建议在同样地质情况下，采用地上明沟加承重格栅的排水方式，可以避免管道破损、维修困难、地基沉降等一系列问题。

（4）推广采用桩基础。对于特高压工程中的重要建（构）筑物基础，建议采用桩基础。结合建设各方的讨论和建议，采用桩基础无论从施工实施、质量控制，还是结构安全性上都更为可靠。在后续工程中可以探讨研究推广采用桩基础。

3. 施工方面

（1）排水系统施工期间应仔细研究所用管材的适用性，应结合现场实际情况，分析管道所受外力情况，对周边地区工程案例进行调研，分析后再做选择，必要时提出设计修改建议。

（2）在地质情况复杂的情况下施工，细化专项施工方案，对可能造成的结果要有预见性，特殊情况特殊对待，方案编制要具备针对性，结合实地情况，考虑施工的可行性，注重施工工艺，保证施工质量。

（3）防止二次施工对管道造成扰动，针对地下水丰富且存在粉细砂或较小颗粒的砂土地质，在施工期间特别是下方排水管网已经施工完成时，严格工序控制，发现破坏及时报告并进行维修。

4. 管理方面

（1）监理项目部在进行图纸预检前应加强对该工程地质情况与设计施工图纸的审查审核，及早发现隐患提醒技术设计人员进行技术方案优化；审查施工措施时应重视审查施工措施结合施工难点及工程明显特点的合理性、针对性。

（2）采取合理的成品保护措施。统筹兼顾同一施工区域，各施工区域间的地下给排水管道施工完成后，做好就近区域构筑物基础施工工序的协调搭接，督促其后续施工工序的责任主体采取合理的保护措施。

（3）针对异常现象及时处置。从现场管理上，对于工程建设过程中或投运后，生产设备区域产生的异常沉降现象，应组织各专业设计师、各参建相关单位，进行多方面的案例分析，若分析找不出原因，建议对特殊地质条件的站址进行重新物探采集数据辅助分析，及时找到问题的根源，尽早采取针对性措施，提出优化站区雨水收集排水方式的建议，避免问题扩大引发设备停运。

案例 3　GIS 室室内电缆沟槽盒影响盖板铺设

【案例描述】

在电气安装阶段，发现设备槽盒进入电缆沟，导致电缆沟盖板无法铺设，如图 4-3-1 所示。

【案例分析】

因不了解电气设备形式，设计单位未考虑设备槽盒进入电缆沟方式。

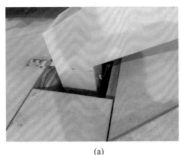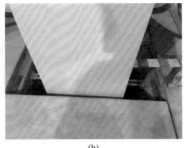

(a)　　　　　　　　　　　　(b)

图 4-3-1　设备槽盒进入电缆沟实景图

(a) 设备槽盒远观图；(b) 设备槽盒细节图

【指导意见/参考做法】

1. 整改情况

将两块电缆沟盖板分别切割，形成一个凹槽将槽盒包住，如图 4-3-2 所示。

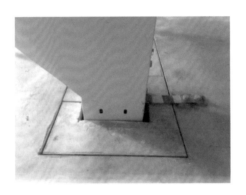

图 4-3-2　两块电缆沟盖板分别切割将槽盒包住

2. 设计方面

设计阶段充分考虑设备槽盒进入电缆沟的方式，土建施工阶段提前预留孔洞。

案例 4　500kV GIS 基础沉降观测点被设备遮挡问题

【案例描述】

在设备安装阶段，发现部分 GIS 基础的沉降观测点被上部设备遮挡，导致测量单位无法观测。

【案例分析】

由于设备提资无法提供 GIS 设备底座以上部位设备的全部投影，设计院对设备三维碰撞检查工作存在疏漏，设计单位土建专业按经验在布置沉降观测点时，将观测点与设备基础预埋钢板等间隔布置，导致沉降观测点被遮挡，如图 4-4-1 所示。

【指导意见/参考做法】

经与各方沟通，设计院提出将被遮挡的沉降观测点移位，在原沉降观测点附近，选择不被设备遮挡的基础表面重新安装观测点。观测时先观测旧观测点再观测新观测点，记录旧观测点高程和新观测点高程，折算出沉降量，保证测量结果连续，如图 4-4-2 所示。

(a)　　　　　　　　　　(b)

图4-4-1　观测点与设备基础
预埋钢板现场照片

图4-4-2　被遮挡的沉降观测点移位
（a）旧观测点；（b）新观测点

后续工程需加强专业设计配合，加强设计院与设备厂家的配合。建议工艺专业在设备提资阶段提高深度，提供设备底座以上部位设备的全部投影。设计院要加强三维设计位置核查，避免此类问题再次发生。

案例5　某特高压换流站继电器室自流平漆面局部开裂、脱落、破损

【案例描述】

某换流站5号继电器室在自流平施工完成3年后，发现火灾报警系统模块箱下盖板区域自流平地面存在漆面开裂、脱落、破损情况。

【案例分析】

1. 施工情况

根据图纸要求，按工序施工编制施工方案，并报监理审批通过后方组织施工，施工过程中，按照设计图纸的相关要求规定组织施工，并对标高、平整度进行了检测，确保满足设计要求。

2. 设计方面原因

（1）地面中埋管设置集中，致使位于混凝土地坪中的埋管量过大，埋管保护层不够，导致地面开裂。

（2）设计未能一次到位，混凝土地面施工完成后又增加埋管，致使埋管只能浅埋处理，导致地面裂缝。

3. 施工方面原因

（1）地面分隔缝设置不合理或单块地面面积过大。

（2）混凝土地面施工完成后，间隔时间不足，混凝土地面中水分未完全干燥就进行自流平施工，导致自流平地面脱落。

（3）自流平地面施工前，地面混凝土养护不规范或基层未清理干净，自流平黏接不牢靠，导致地面脱落。

【指导意见/参考做法】

1. 整改情况

对地面裂缝、脱落、损坏部位进行打磨、剔除，基层清洗干净后，在相应部位增加防裂网，用高强度水泥砂浆进行修补，待其完全干燥后，打磨平整，再次增加防裂网，重新按自流平施工流程组织施工。

2. 设计方面

（1）加强专业间配合工作，确保各专业设计配合满足现场施工需求。

（2）加强现场工代服务理念。及时了解现场存在的问题，并在第一时间反馈给相关专业主设人，确定预防及整改措施。

案例6 某特高压变电站配电室墙面潮湿发霉

【案例描述】

某1000kV变电站投运多年后，运维人员发现主控楼交流配电室墙面挂有细小露珠，部分墙面发霉，详见图4-6-1。

该变电站交流配电室采用自然进风、机械排风的通风方式。平时排风机不运行，夏季开启排风机通风排热维持室内温度满足工艺要求。事故检修时开启排风机排除室内烟气，室外空气通过开启房门引入室内，然后由安装在外墙上部的排风机将烟气排出室外。交流配电室的通风换气量换气次数不少于10次/h，风机出口配置风动百叶。

由于交流配电室没有运行人员长期值守，配电设备对室内温度和湿度要求不高，采用机械通风可满足要求，设计满足《采暖通风与空气调节设计规范》（GB 50019—2003）第6.1.1条规定，如图4-6-2所示。

6.1.1 符合下列条件之一时,应设置空气调节:
1 采用采暖通风达不到人体舒适标准或室内热湿环境要求时;
2 采用采暖通风达不到工艺对室内温度、 湿度、 洁净度等要求时;
3 对提高劳动生产率和经济效益有显著作用时;
4 对保证身体健康、促进康复有显著效果时;
5 采用采暖通风虽能达到人体舒适和满足室内热湿环境要求,但不经济时。

图4-6-1 交流配电室墙面潮湿发霉照片　　图4-6-2 《采暖通风与空气调节设计规范》第6.1.1条

【案例分析】

1. 设计方面原因

（1）没有设置空调或除湿机进行排风除湿。

（2）设计采用风动百叶，其密封性能不满足南方潮湿天气的要求。

（3）室外电缆沟进入室内处的封堵不严或反复开闭，导致水汽沿电缆沟、竖井进入室内。

（4）关于轴流风机位置：室外侧正好处于雨棚檐口内，详见图4-6-3。此处容易积水、潮气不易散发，经分析为室内受潮的可能原因。

（5）交流配电室两侧房间：东侧为通信机房，装有空调。西侧为库房，没装空调。发霉的墙面为东侧墙面，发霉原因疑与该墙两侧温差大导致水汽凝结有关。

2. 环境方面原因

在南方"回南天"往往出现于每年春季的3～4月，梅雨季节雨水多、空气湿度大。对于长期处于潮湿空气中的建筑，由于空气中过高浓度的湿气在遇到过冷的物体表面（如墙面涂料等），极易发生凝聚现象而产生水珠，导致墙面发霉。

图4-6-3　变电站轴流风机位于雨棚檐口内照片

【指导意见/参考做法】

（1）对于空气潮湿的工程可在满足设计规范基础上加强电气设备间除湿。考虑地域特点，设置空调或除湿机降低室内湿度。针对地下室或地面一层的电气设备间，应考虑除湿措施。

（2）自然进风口的百叶窗选用具有防雨、防风沙功能的双层叶片构造。

第五章　全站场地及道路

案例1　某特高压变电站低压电抗器基础出现沉降

图5-1-1　低压电抗器基础发生沉降倾斜

【案例描述】

某变电站投运三个月内发现低压电抗器基础发生沉降倾斜，高差在38mm，如图5-1-1所示。注浆加固后未继续沉降。

【案例分析】

1. 设计情况

低压电抗器基础采用圆形整板基础，直径3.7m，厚度2m。地基持力层为中密粉土层，地基承载力特征值不小于130kPa，基础局部处于填方区的，基底采用C20毛石混凝土换填至中密粉土层以下0.3m。经设计核算，低压电抗器基础沉降计算值满足相关规范要求。

2. 施工方面原因

地基局部区域处于填方区，换填不到位，造成设备基础不均匀沉降。基础周边回填碾压不实，积水下渗软化地基土加速沉降。

【指导意见/参考做法】

1. 整改情况

采用注浆方式对倾斜的设备基础进行加固，处理后持续沉降观测，沉降已稳定。

2. 施工和管理方面

严格控制地基换填施工质量。应严格按照设计图纸施工，严格控制毛石混凝土换填质量，注意与原土地基交接处工艺处理。设计人员应对所有基槽进行验槽，确保开挖至设计持力层，验槽合格后方可继续施工。加强施工过程的质量监督，对于地基基础等重点部位施工，监理人员应全程旁站，同步留存施工过程影像资料，确保施工质量。

案例2　某特高压换流站地刀机构箱位置场地沉陷

【案例描述】

某换流站交流滤波器场共有地刀机构箱132个，机构箱安装及电缆管敷设施工后2个月完成操作地坪施工，间隔3年后发现有15处操作地坪出现沉陷，见图5-2-1。

(a)　　　　　　　　　　　　　　(b)

图5-2-1　操作地坪沉降

(a) 沉降侧面；(b) 沉降正面

【案例分析】

1. 设计情况

此处为交流滤波器场隔离开关及接地开关位置，每个机构箱底部电缆出线孔下电缆敷设采用槽盒与热镀锌钢管联合敷设方式，热镀锌钢管端至机构箱下方电缆孔，出地面150mm，另一端至附近电缆井，弯曲半径大于10D（D为埋管外径）。

结构图纸滤波器围栏外设备支架基础施工图（T0403-01）中明确：基础施工完毕后，周围回填土应分层夯实，每层虚铺厚度不大于250mm，压实系数不小于0.95。

另外该换流站配电装置区内所有裸露地面均采用水泥预制块进行封闭处理，涉及广场做法的截图及相关说明详见图5-2-2。基层采用180mm厚稳定碎石层，此层起到防水和支撑作用。

50厚广场砖300×300

1:3干硬性水泥砂浆

水泥稳定碎石(5:95)

素土夯实，压实系数0.94

设计地面标高

图5-2-2　道路横断面图

2. 施工情况

根据图纸要求，按工序施工编制施工方案，并报监理审批通过后方组织施工，施工过程中，对素土夯实部分、水稳层施工部分采用小型压路机进行碾压施工，并均进行密实度检测，确保满足设计要求。

3. 设计方面原因

（1）场地封闭坡度未按照设计起坡，导致机构箱下为积水区。

（2）设计未明确接地开关机构箱下地埋电缆管的支撑措施。

4. 施工方面原因

（1）场地封闭层施工质量差，不能有效起到隔水作用。

（2）接地开关机构箱下地埋电缆管较多，回填空间小，压实难度大。

（3）在场地封闭完成后，设计又新增加埋管，造成场地封闭二次破坏。

（4）机构箱下面区域回填土未分层压实；施工未采取防止电缆管下沉措施，不符合《国家电网公司输变电工程标准工艺（三） 工艺标准库（2016年版)》要求。

5. 环境原因

冬季时间较长，覆雪较厚，开春后场地渗水量较大。

6. 管理方面原因

（1）施工单位未严格执行场地封闭、电缆埋管的施工质量验收规范、标准工艺，对接地开关操作机构箱下的局部区域的分层回填压实、场地封闭未严格落实质量通病防治要求，未针对电缆埋管集中区域的质量隐患采用加强措施。

（2）监理单位未严格按照施工图、施工质量验收规范进行隐蔽工程质量验收。

（3）设计单位未做接地开关机构箱下的细部设计，未对施工质量提具体要求。

（4）建设单位在组织施工图交底及会检、中间质量抽查监督时，未对接地开关机构箱下回填土、电缆埋管支撑系统、场地封闭坡度、封闭层施工质量进行严格把关。

【指导意见/参考做法】

1. 整改情况

对电缆埋管增加有效的支撑，有条件的与基础固定连接；分层压实回填土；对于埋管密集处，采用水夯或者混凝土换填，增加回填的有效性；按照设计控制好场地坡度。局部区域适当提高地面标高，避免造成积水。

2. 设计方面

（1）加强基坑回填土压实质量：一是执行图纸及规范关于基坑回填土的要求；二是优化埋管临近场地区域、埋管或电缆沟夹缝等空间狭小区域的回填方案，可采用碎石或素混凝土回填，质量更容易把控。

（2）加强设计符合实际，确保设计方案切实可行，明确电缆埋管的具体防沉降措施，以便指导现场组织施工。

（3）加强现场工代服务，做好与施工单位的沟通工作，及时发现施工中存在的问题，并与主设人进行反馈，及时制订解决措施，保障现场施工有序开展。

3. 施工方面

（1）发现图纸中存在的问题后，加强与设计单位的沟通，共同制订预防措施，确保过程施工质量。

（2）在编制施工方案过程中，应对薄弱环节进行重点描述和制订预控措施，施工方案遵循谁编制谁交底的原则，确保施工方案切实可行。

4. 管理方面

（1）强化现场试验检测，现场试验检测取点必须要具有代表性，尤其针对薄弱部位应加强、加密取点，确保施工质量。

（2）加强工序管理，合理安排工期，避免工序倒置，造成返工现象。场地封闭施工为场地的最后一道工序，其工作面的开展必须保证地下所有工作全部完成。

案例3　某特高压变电站硬化区域开裂质量问题

【案例描述】

某特高压变电站投运后，运维人员在现场巡视中发现一期工程 1000kV GIS 设备区硬覆盖场地存在翘边、变形情况，经现场观测，共发现 19 处浇筑的硬覆盖板块存在此类情况，其中 3 处翘边严重，位移量最大约 5cm，详见图 5-3-1。

经运维人员与设计院技术人员现场勘察，确认发生形变的部位为非承重的硬覆盖场地，设备基础承重部分未见异常，且发生形变的原因为混凝土硬覆盖下的灰土层进水，冬季受气温降低影响冻胀后导致形变。

此外在观测中发现有 3 组 GIS 外壳接地铜排接于硬覆盖地面上，铜排呈 90°直角结构，在硬覆盖上翘过程中铜排同时受向上应力作用发生形变。

图 5-3-1　变电站基础周边硬化区域开裂

【案例分析】

1. 设计情况

（1）设计勘察情况。根据某 1000kV 变电站新建工程施工土设计阶段岩土勘察报告，该工程场地地貌单元为汾河冲积平原，场地地层主要为第四系冲洪积形成的粉土、粉质黏土、黏土和粉细砂。上层土体含水率很高（粉土平均含水率 28.8%、粉质黏土平均含水率 37.1%）。粉土、粉质黏土、黏土等透水性差，土体中的水很难排除。根据《建筑地基基础设计规范》（GB 50007—2011），工程场地地基土的标准冻结深度为 0.70m。

根据变电站场平标高，冻深范围内的地基土为第①层粉土，依据 GB 50007—2011，并结合当地相关建筑经验综合评价第①层粉土冻胀等级为Ⅳ级，冻胀类别为强冻胀。站址的土体天然性质决定工程的冻深范围内的土存在冻胀问题。

站址区地下水类型主要为第四系上层滞水和承压水，上层滞水主要含水层为①粉土层及①₁粉质黏土层；承压水主要含水层为①层以下的粉细砂层及粉土层。现场测量了混合地下水位，地下水埋藏深度一般为 3.20～4.20m，因为引水灌溉的原因，水渠附近的钻孔水位升高，埋深一般在 2.40～3.00m；水位高程一般在 743.29～743.95m，地下水由大气降水和河流渗入补给为主，以蒸发及民用开采等方式排泄。据调查地下水年变幅 1.50m。

（2）设计方案简述。设计对1000kV GIS基础设计考虑地基土冻胀影响，一期工程1000kV GIS基础采用截面400mm×400mm、桩长24m的预制混凝土方桩，基础承台的埋深埋到−1.85m，埋深满足最大冻深要求，基础电缆沟道四周采用苯板防冻胀。硬覆盖下回填区域采用3∶7灰土改良土体消除回填土的冻胀型。

该工程GIS基础结合场地土冻胀的特点做了加强硬覆盖设计，由上至下分别为150mm厚钢筋混凝土板、500mm厚3∶7灰土，基础筏板顶面，施工图做法详见图5-3-2。

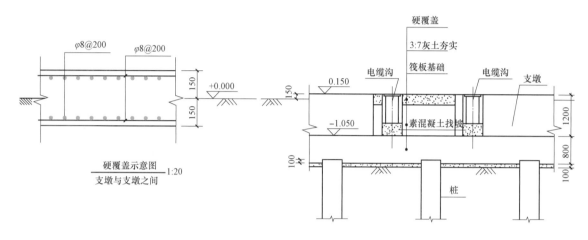

图5-3-2　变电站硬覆盖施工图

（3）遵循的设计规范。该工程地基设计的主要规范有《建筑地基基础设计规范》（GB 50007—2011）、《冻土地区建筑地基基础设计规范》（JGJ 118—2011）、《建筑桩基技术规范》（JGJ 94—2008）、《建筑地基处理技术规范》（JGJ 79—2012）。

该工程的室外冻深是0.7m，设计基础埋深−1.85m，大于最大冻深，符合规范要求。硬覆盖下的回填土全部采用3∶7灰土，符合JGJ 118—2011基础四周回填土采用非冻胀土的要求。

2. 施工情况

施工单位现场项目部编制了施工组织设计，并进行了技术交底，安排了专人负责监督检查，回填土按照200mm厚度采用机械分层碾压。监理按照验收程序进行了试验监督检查和验收，并签署了隐蔽验收记录。

3. 设计方面原因

设计院对浅层冻胀问题设计深度不足。一期工程1000kV GIS基础采用截面400mm×400mm、桩长24m的预制混凝土方桩，基础承台的埋深在最大冻深以下，基础电缆沟四周采用苯板防冻胀。硬覆盖下采用3∶7灰土回填，浅层防冻胀措施不完善。

4. 施工工艺方面原因

（1）GIS本体基础与分支基础及电缆沟之间分块较多，同时也要确保设备基础不会产生大的扰动或振动，基础周边回填区域土方夯实不能采用较大施工机械进行夯击，难以确保回填土密实度。

（2）硬覆盖切缝处、硬覆盖与基础连接处密封用的耐候酮硅胶时间长久后可能会出现老化。运行期间，雪水雨水不断渗入，土体含水量高，冬季回填土受冻胀变形导致混凝土硬覆盖层出现不均匀位移。

【指导意见/参考做法】

1. 设计方面

在工程后续扩建期间，设计采用如下加强措施：由于工程冻深为 0.7m，硬覆盖厚度为 0.2m，在硬覆盖下铺设 0.1m 厚的苯板（使用年限 50 年），冻土还剩余 0.4m。根据扩建工程地勘数据，上层土体天然含水率为 47％左右，按照土体含水率 50％考虑。存在冻胀的水厚度为 0.2m，水在冻成冰后密度减小 10％体积增大 10％，0.2m 厚度的水冻胀变形为 20mm。考虑苯板即有保温功能，又具有可压缩变形性能，可以抵消、减小冻胀影响。同时采取接地优化措施，对于硬覆盖区域，地下部分在辅助地网与硬覆盖间做约 300mmΩ 弯，施工图做法见图 5 - 3 - 3。

地上部分接地块与本体之间接地铜排预先折弯，预留一段应对基础变形，详见图 5 - 3 - 4。

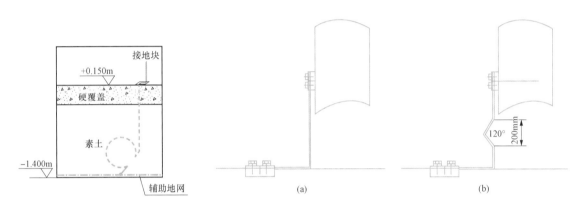

图 5 - 3 - 3　硬覆盖地下部分的
接地优化措施

图 5 - 3 - 4　硬覆盖地上部分的接地优化措施
（a）原有接地示意图；（b）改进后接地示意图

针对地下水位浅、雨水浸泡多场地也可以考虑采取特殊措施防止冻胀影响，如优化硬覆盖方案，采用混凝土基层（或水稳层）封闭＋碎石面层方案。

2. 施工及管理方面

（1）工程开工前，各参建单位要充分了解工程所在区域地形、地貌、土质结构、气候等特征，施工图会检、技术交底和施工方案审查中应重点关注基础不均匀沉降、给排水所用管道渗漏、硬化场地冻胀的应对措施。

（2）施工单位应严格按照现行的《建筑地基基础工程施工质量验收标准》（GB 50202—2018）等规程规范及施工图要求，结合审批后的施工方案严格施工作业。

（3）监理单位应充分履职尽责，依据《建设工程监理规范》和《工程监理合同》要求，采用旁站、巡视、平行检验、见证取样等手段，加强施工过程的分部、分项、工序及工程材料的检查和验收。

（4）业主项目部应加强单位工程检查验收和中间检查验收，加强工程实体的实测实量。

（5）对于站址周围有存水浸泡问题，应做好站区排水。加强日常维护，在站区四周有水时临时封堵一些站内外的过水通道。

案例4 某特高压变电站场地出现沉陷

【案例描述】

某变电站建成投运五年后，由于汛期降雨偏多，靠近雨水井的位置由于前期施工挖方原因，初步判断是回填土受雨水冲击侵蚀较为严重，导致出现塌陷，见图5-4-1。

图5-4-1 场地沉陷现场照片

【案例分析】

1. 设计情况

该站自然地形平坦，受洪水位影响，全站购土回填约2.5m厚。设计方案要求在回填前清除表层耕土及沟渠淤泥；外购回填土料宜为碎石土或黏土，淤泥和淤泥质土、流塑及软塑状土、建筑垃圾、盐渍土、膨胀性土、腐蚀性土以及有机物含量大于8%的土均不得作为填料使用；土方回填应逐层填筑压实，压实系数不小于0.94，上层施工应在下层的压实系数经试验合格后进行；填土施工时宜避开雨季施工，回填施工前，现场取样测定取得最大干密度和最优含水量指标，并要求在土的最佳含水量（-2%～+2%）时进行碾压，当土的含水量偏低时，可预先洒水湿润，当土料含水量偏高时，可采用翻松晾晒或均匀掺入干土或生石灰等措施。

2. 施工方面原因

站区土方回填量较大，局部区域可能存在回填碾压不实的情况，雨水井周边受雨水冲刷浸泡侵蚀产生低洼坑。

3. 环境方面原因

该地区近年来雨水偏大，降水量达到50年一遇标准，站区土壤层含水量提高，表层回填土浸泡松软容易产生水土流失。

【指导意见/参考做法】

1. 整改情况

对沉陷区域清理夯实找平，修复区域适当高出周围地面2～3cm，避免再次积水导致沉陷。

2. 施工方面

（1）加强施工质量过程管控。对于建构筑物周边不宜夯实的区域，回填压实情况应重点检查，压实系数检验采取乙供甲控的方式委托独立第三方开展。

（2）严格控制排水设施施工质量。雨水井算子应低于周边地面，汇水集中的雨水口应设泛水，保证排水通畅，避免雨水井周边产生积水。

案例5 某750kV变电站场地回填质量控制不严导致部分场地沉降

【案例描述】

某变电站站区66kV设备区地面及330kV第六串北侧地面出现回填土下沉，其中66kV设备区局部回填土塌陷导致电缆穿管位移，与机构箱脱开。

【案例分析】

1. 设计情况

该变电站每个机构箱底部电缆出线孔下电缆敷设采用槽盒与热镀锌钢管联合敷设方式，热镀锌钢管至机构箱下方电缆孔，出地面150mm，另一端至附近电缆井，弯曲半径大于$10D$（D为埋管外径）。基坑回填土分层夯实，每层虚铺厚度不大于250mm，压实系数不低于0.95。设计电缆埋管采用直埋式，未考虑接地开关机构箱下地埋电缆埋管的支撑措施。

2. 施工方面原因

（1）施工单位采用分层回填、人工碾压施工工艺，但在回填时部分区域回填土夹杂冻土，且回填土级配不良，导致发生局部沉降。

（2）电气专业埋管二次开挖回填土未经筛选，回填土级配不良，回填作业时监理、施工人员监督不到位。

3. 环境因素

站址区表层主要为粉细砂，表层以下主要为冲积卵石、粉细砂以及粉质黏土等。施工单位在进行66kV及330kV场地回填时，部分区域回填土夹杂冻土，且回填土级配不良，粉细砂比例偏大，后续冻土消化、雨水下渗，粉细砂被水冲刷带走，导致场地局部发生不均匀沉降。

【指导意见/参考做法】

1. 整改情况

将坍陷场地位置广场砖拆除，挖开不良回填土层，清除机构箱埋管底部粉细砂，浇筑80mm厚C15混凝土底板封闭底板。

2. 设计方面

（1）设计针对不同的地质条件，需增加对埋管支撑体系的要求，建议交流滤波器场隔离开关、接地开关机构箱下方的镀锌钢管设置角钢支架支撑，支架用膨胀螺栓固定在设备基础侧壁上；转接沙坑内两端的钢管接地连接设置补偿器。地下所有钢件应采用热镀锌，铁件及破坏处应喷锌防腐并做沥青防腐处理，如图5-5-1所示。

（2）对埋管集中的地方，采取有效的换填方式，可以采用现浇混凝土的形式作为埋管下封闭层，提高

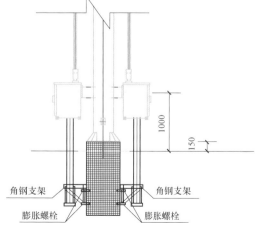

图5-5-1 埋管支撑体系示意图

注 本图只是支架示意图，具体尺寸根据现场情况确定。

埋管的稳定性。

（3）设计应充分研究机构箱下方的隔水、排水及结构方案。北方地区换流站虽然年降雨量不如南方地区，但夏季集中暴雨降雨量较大，设计排水系统设计应校核站区排水能力，避免排水能力不足造成积水，从而引发场地沉降。

（4）重要部位机构箱且管线布置较多的，可以考虑敷设沟槽的形式统一布置。

3. 施工方面

（1）强化场地土方回填质量管控，尤其是二次开挖后的回填工艺质量，保证压实系数和回填土料满足规范质量要求。

按照《建筑地基基础工程施工质量验收标准》（GB 50202—2018）第 952 条规定：对每层填筑厚度、压实遍数和压实系数做现场试验确定或由设计提供。当采用分层回填时，应在下层的压实系数经试验合格后进行上层施工。填筑厚度及压实遍数应根据土质、压实系数及压实机具确定。无试验依据时，填土施工时的分层厚度及压实遍数应符合表 5-5-1 规定：

表 5-5-1　　　　　　　　　　　　　　　填土施工规范要求

压实机具	分层厚度（mm）	每层压实遍数
平辗	250～300	6～8
振动压实机	250～350	3～4
柴油打夯	200～250	3～4
人工打夯	<200	3～4

第 9.5.4 条规定"回填料每层压实系数应符合设计要求。采用环刀法取样时，基坑和室内回填，每层按 $100\sim500 m^2$ 取样 1 组，且每层不少于 1 组。"

（2）冬季施工应制定冬季施工专项管控方案，严格落实冬季施工质量管控，严禁冬季施工条件不达标时抢工回填等违规施工。

（3）强化土方回填时回填土的质量管控，严禁冻土、不良土质作为回填料。

（4）在压实过程中，施工单位自检人员应按规定的频率逐层检查回填压实度，做好隐蔽工程验收记录。

4. 管理方面

（1）监理对回填土作业进行旁站，事前对施工排水方案进行检查，对回填土配比及试验样板进行确认后方可批准大面积施工。

（2）事中对回填土作业进行旁站监督，监督回填土作业是否符合规范要求及设计要求，监督回填土检测结果，逐层进行夯实检测，夯填厚度为 200mm，前一层检测结果确定合格后，方可进行下层施工，施工至面层后，确保面层隔水性，逐层批准其转序作业。

（3）事后及时收集整理检测报告，逐个区域确认工程施工质量是否满足要求，对不符合要求的提出返工处理。

案例 6　10kV 电缆专用沟碰撞

【案例描述】

某换流站施工过程中，按照《新建特高压变电站电缆防火设计提升措施研讨会议纪要》要求"10kV 及以上动力电缆不应与低压电缆共沟敷设，应单独直埋或分沟敷设"。需修改原动力电缆与控制电缆交叉处，不能平交共沟。此时站区排水系统已经建成，采用沟道下穿时低点积水无法排走。经研究采用了埋管下穿主沟的方案，解决此问题。

【案例分析】

站区排水系统已经建设完成，设计沟道下穿时水无法排走，因此采用埋深较浅的埋管下穿主沟。若采用上跨方式，既会阻断沟道作为巡视小道的巡视路径，又严重破坏站区美观。

【指导意见/参考做法】

1. 整改情况

采用 10kV 电缆埋管下穿主沟，并沟道的埋管口设置挡水坎，使用排水管，从侧壁将积水接入主沟排走，并将埋管口上方的沟盖板改为全封闭。

2. 设计方面

（1）后续工程应严格执行"10kV 及以上动力电缆不应与低压电缆共沟敷设，应单独直埋或分沟敷设"要求。

（2）电缆沟应减少沟道交叉，如交叉不可避免，应与各专业做好配合，尽量采用沟道下穿，沟道低点积水可顺利排出。如必须使用埋管下穿时，埋管下穿主沟后，应从沟道侧壁接回原沟道，避免从沟道底板接入。

第六章　围墙及边坡

案例1　某特高压变电站站区围墙出现破损

【案例描述】

某变电站投运当年发现围墙伸缩缝处出现围墙开裂现象，见图6-1-1。

【案例分析】

1. 设计及施工情况

新建的5.0m高站区围墙地上部分为框架填充墙结构，地下为钢筋混凝土独立基础，基础埋深2.5m，基础放大角1.75m，采用原土地基。±0.00m位置设有一道铰接地梁。新建围墙采用砂浆饰面，围墙外立面见图6-1-2。

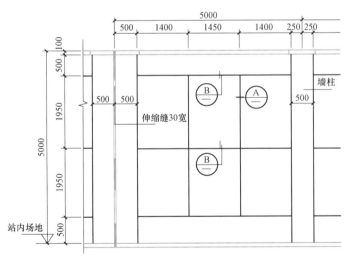

图6-1-2　围墙外立面

图6-1-1　围墙伸缩缝处出现围墙开裂

施工过程中，围墙框架结构连续浇筑时，使用泡沫板作为伸缩缝的分隔材料，待混凝土浇筑、养护完成后将起分隔作用的泡沫板剔除，填入沥青麻丝，外侧用耐候硅酮胶嵌缝，如图6-1-3所示。

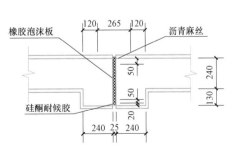

图6-1-3　施工过程

2. 施工工艺方面

泡沫板剔凿过程中对两侧混凝土结构造成了损伤，二次修补部分与结构本体黏合不牢固，出现脱离开裂。

【指导意见/参考做法】

当混凝土强度能保证其表面及棱角不受损伤时，方可拆除侧模。围墙伸缩缝采用橡胶泡沫板，两侧各嵌 20～30mm 沥青麻丝、20mm 厚的发泡剂，然后采用硅酮耐候胶封闭，硅酮胶施工时，变形缝两侧 2mm 处粘贴美纹纸，打胶成圆弧形状，内凹 3mm，待胶凝固后，拆除美纹纸，避免墙面污染。

案例2 某特高压换流站边坡局部滑移和围墙侧翻

【案例描述】

某换流站春节复工现场巡查发现挖方区植基毯边坡多处出现局部滑坡。4～6 月梅雨季节期间，站区边坡多次历经连续阴雨、暴雨天气，挖方边坡浅表层（10～50cm）出现 5 处面积不等的局部溜滑现象，最大滑坡面积约 200m²，填方边坡未出现局部溜滑现象。

该换流站植基毯边坡施工完成至出现第一次局部滑坡约一年半时间，其间边坡一直稳定，沉降观测未发现马道观测点超标。如图 6-2-1 所示。

(a)

(b)

(c)

图 6-2-1 局部滑坡及土壤流失实景图

(a) 临建区边坡局部滑移；(b) 备品库南侧边坡局部滑移；(c) 备品库南侧边坡根部土壤流失

在南方梅雨季节，现场出现了连续强降雨，站址西南侧由于站外边坡汇水面积过大，站外截水沟与站内截水沟连接通道过小，短时间强降雨排水不畅，造成围墙外侧积水高度达到 1.5m（后通过围墙浸水水迹测量），造成五跨围墙被冲垮，如图 6-2-2 所示。

图 6-2-2 围墙冲垮及堆积泥沙实景图

（a）围墙侧翻被水冲垮；（b）截水沟堆积的泥沙

1. 设计情况

（1）根据《建筑边坡工程技术规范》（GB 50330—2013）、《水利水电工程边坡设计规范》（SL 386—2007）及《滑坡防治工程设计与施工技术规范》（DZ 0240—2004）等规程规范的相关规定，该边坡工程安全等级为一级。结合场地地形地貌、地层岩性及水文气象环境，该工程边坡设计的原则是：

1）本工程挖方边坡按一级边坡设计，正常工况下边坡稳定安全系数取 1.35，校核工况下边坡稳定安全系数取 1.15。

2）本工程填方边坡按一级建筑物设计，正常工况下边坡稳定安全系数取 1.35，校核工况下边坡稳定安全系数取 1.15。

3）挖方边坡支护方式：放坡＋土钉＋植基（生）毯绿化护面。

4）填方边坡支护方式：自然放坡＋现浇钢筋混凝土格构＋植草护坡。

5）设置截、排水设施，防止地表水冲刷坡体，截水、排水系统与厂外排水系统衔接或自然散排。

6）全站挖方坡顶和填方坡脚与征地红线之间区域（除硬化外）要求绿化（撒播草籽），工程量以现场签证为准。

7）满足施工技术要求，尽量降低施工难度。

（2）挖方边坡设计要点为：

1）采用坡率法放坡，放坡坡率为 1∶1.25，采用坡肩线控制的原则。

2）实际施工的坡率应不大于设计坡率。

3）每 8.0m 坡高设置一宽度为 2.0m 的马道，采用 100mm 厚 C20 混凝土硬化，外斜坡率 2%。

4）坡面铺设植基（生）毯，在坡面上构建一个具有自生长能力的功能系统进行边坡加固及绿化，植基（生）毯采用土钉固定。

5）土钉采用 Φ 20HRB335 级钢筋，长度为 1m，以与水平夹角大于 15°的角度打入坡体，间距不大于 2.5m（水平方向）×2.5m（垂直方向）。

6）挖方边坡坡顶与围墙间植草皮绿化。

7）根据实际地形，在局部挖方坡肩地段设置截水沟，坡脚处设置排水沟，与站外排水系统衔接或自然散排。

（3）围墙设计方案为500mm宽截水沟沿围墙外侧散水，根据站址原址地貌而设置，在围墙最低处与相邻段挖方坡脚排水沟衔接。排水沟穿围墙处施工图做法为500mm宽等截面截水沟，该部位围墙过梁抬高，如图6-2-3所示。

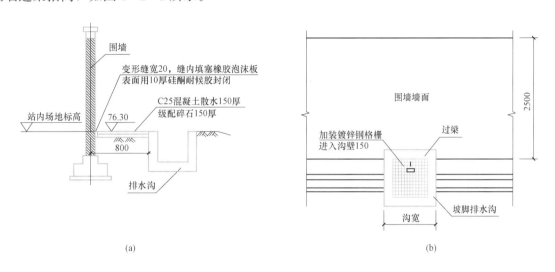

(a) (b)

图6-2-3　设计方案图

（a）围墙及截水沟剖面图；（b）排水沟穿围墙基础详图

2.施工情况

（1）边坡施工工艺：清理、平整坡面并达到设计坡比—铺设植基（生）毯—安装土钉搭接固定—播撒植物种子—潮湿坡面养护—交验前养护管理，如图6-2-4所示。

(a) (b)

图6-2-4　施工工艺

（a）边坡修坡施工；（b）植基（生）毯固定

（2）挖方边坡采用自然岩体修坡，放坡坡率为1：1.25，边坡本身的稳定性是满足要求的（边坡施工完成2年多后才出现多处滑移现象）。

（3）围墙施工单位未按图施工，未设置围墙过梁，在此部位埋设 $\phi500mm$ 波纹管，过水截面

由原来的 $0.5m^2$，减少到现在 $0.196m^2$，过水能力减少 61%，如图 6-2-5 所示。

（a）　　　　　　　　　　　　　　　（b）

图 6-2-5　排水沟穿围墙（埋管）

（a）穿墙近距离观测；（b）穿墙远距离观测

3. 设计方面原因

（1）植基毯在施工完成余两年，其植被成活率依然非常低。经设计方案改进，在植基毯上间隔梅花型挖孔种灌木，撒草籽才有所改善，表面植被对护坡岩土的保护作用非常有限。边坡底部只设置截水沟，未设置挡土墙，部分边坡土壤经过长时间雨水冲刷直接流入截水沟，造成边坡局部形成不稳定状态而滑移，如图 6-2-6 所示。

（a）　　　　　　　　　　　　　　　（b）

图 6-2-6　植基（生）毯实景图

（a）设计方案改进前实景图；（b）设计方案改进后实景图

（2）设计要求："根据实际地形，在局部挖方坡肩地段设置截水沟，坡脚处设置排水沟，与站外排水系统衔接或自然散排。"但图纸中未明确哪些坡肩位置设置截水沟，造成施工单位未实施，坡顶雨水顺着植基毯流下冲刷坡体造成水土流失。

（3）围墙垮塌处位于两个边坡交汇最低处，截水沟汇水面过大，站外截水沟与站内截水沟疏水通道截面积过小，短时间强降雨排水不畅造成最低处围墙外侧水位迅速上升到 1.5m 高，围墙设计未考虑此最不利抗倾覆而造成倾覆。

4. 施工方面原因

（1）植基（生）毯施工期间刚好该地区夏季高温季节，温度暴晒加上养护不及时，种子前期根系发育不理想。

（2）根据设计文件，挖方边坡坡脚排水沟与坡脚存在 500mm 的散水。现场查勘显示，排水沟与坡脚间散水为后期从坡脚区域卸土形成，在坡脚形成高度约 400mm 的陡坎，形成局部临空面，如图 6-2-7 所示。

（3）围墙主体施工单位和场平施工单位未进行沟通，围墙施工后场平截水沟再施工，内外截水沟通道处围墙地梁已施工完毕，截水沟未加大深度，施工单位擅自采用埋管形式。

（4）为防止站外人员和动物进入，在围墙内外截水沟通道处设置了钢筋网片。长时间的雨水冲刷造成植物落叶等在此积挡未及时清理，站外排水设施定期巡查清理不到位，如图 6-2-8 所示。

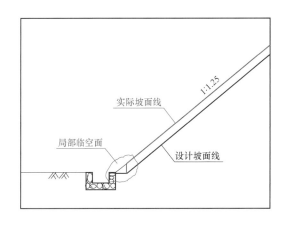

图 6-2-7　挖方边坡设计坡面线与实际坡面线对比图

(a)　　　　　　　　　(b)

图 6-2-8　截水沟实景图

（a）截水沟内淤泥；（b）截水沟内树枝杂物

5. 管理方面原因

（1）监理单位未认真审阅图纸，未及时进行沟通协调。造成坡肩截水沟未设置，挖方边坡坡顶与围墙间植草皮绿化未实施。

（2）土建主体围墙施工单位与护坡场平施工单位存在很长时间的交叉施工，围墙基础的施工影响截水沟的施工进度，造成很多区域护坡施工完成时围墙还未开挖，截水沟无法施工。围墙机械开挖又造成对边坡的扰动。

6. 环境因素原因

三个多月的雨水天气，连续强降雨导致坡面浅表层土体长期处于饱和状态，边坡长期处于暴雨工况；同时，连续强降雨形成的渗流对坡面浅表层中透镜状黏土形成接触冲刷及软化；此外，坡脚局部临空，对坡体的局部稳定性不利。在多种因素长期作用下，坡体浅表层土体蠕动下滑，长期变形累计，最终导致边坡中下部区域局部溜滑。

【指导意见/参考做法】

1. 边坡整改情况

（1）护脚墙措施。边坡局部滑塌范围较小及坡面现状较好的区域，对坡高大于1.5m的边坡段采用护脚墙措施。在坡脚排水沟至坡脚区域增设护脚墙，护脚墙下部断面为矩形，上部为梯形，护脚墙末端设置台阶，采用C20混凝土浇筑。

（2）格构护面措施。边坡局部滑塌范围较大及坡面现状较差区域，对挖方边坡下级边坡采用格构护面措施，采用格构方格密、断面小的布置方案，格构在坡面上呈方形（横平竖直）布置，坡面间距均为2.0m。格构尺寸结合坡面地层特性设置，采用C20混凝土浇筑。格构施工时，尽量不破坏坡面原有植被，施工完成后，对已破坏的边坡坡面及邻近区域绿化进行修复。

（3）坡面修复。对原始坡面表土进行清理，清理厚度30～40cm，自坡脚起至溜滑区（冲刷区）上缘采用植基袋装土回填，坡面恢复绿化。植基袋装土回填区域均采用土钉＋双向土工格栅固定。土钉采用ϕ20HRB400钢筋，坡面水平与竖向间距均为1.5m，伸入原始坡面不小于0.8m。坡体地下水丰富及坡体透水性较强区域，设置泄水孔，采用ϕ100PVC管，将坡体内地下水引至坡面，泄水孔务必做好进水端的滤水，不能使其堵塞。

（4）坡面排水措施。为避免上级边坡坡面汇水对下级坡面形成冲刷，在马道设置排水沟，马道排水沟接入下级坡面跌水沟，跌水沟间距约60m，结合现场实际排水条件布置。排水沟断面为直角梯形，直接依附马道与上级边坡坡脚设置，在距离坡脚300mm处砌筑水泥砖作为排水沟外壁，壁高300mm，厚150mm；同时对坡脚侧沿坡面砌筑水泥砖硬化，硬化厚度100mm，坡面斜高约500mm。跌水沟内段面宽度为500mm，深度300mm，壁厚300mm，做法同站内挖方边坡前期跌水沟。马道排水沟修建过程中应复核马道排水坡度，确保排水畅通。

（5）站外排水措施。为改善站外截排水沟排水条件，针对上部水土流失较严重的情况，在现有排水沟北侧约5m处增设一道衔接截水沟与站内排水沟的排水沟，长度约10m，断面与相邻排水沟一致。在原截排水沟接点处设置简易沉砂池，沉砂池顶面及与截水沟接口断面均采用格栅网封闭，顶面宜设置于可开启式。对截水沟外侧沟壁进行加高改造，上部增设格栅网，网孔尺寸宜为30mm×30mm。

对站区西侧5处"T"形接口（含新增处）自围墙下部至"T"形转折点两侧各外延2m均采用格栅网封闭，网孔尺寸宜采用30mm×30mm，围墙下部格栅网设置于站内侧。

对局部接口区域截水沟外侧沟壁进行加高改造，长度约24m，加高300mm，厚度400mm，采用C20混凝土，如图6-2-9所示。

2. 设计方面

（1）设计应对边坡方案谨慎选用。不推荐使用植基毯，因草籽和养料包裹在植基毯中间夹层，而植基毯太密且强度太高，草籽冲破植基毯茂密生产太难，造成其植被成活率不高。尽量选择钢筋混凝土格构护坡、块石（预制块）护坡等方案，某换流站填方边坡最高处22m全部采用格构护坡，至今未发现有塌方或滑移现象，如图6-2-10所示。南方多雨地区也可采用植生基质喷射技术。

(a) (b) (c)

图 6-2-9　站外排水措施实景图

（a）备品库南侧根部增加挡土墙；（b）极 1 户内直流场西侧根部增加挡土墙；（c）整改后现场实景图

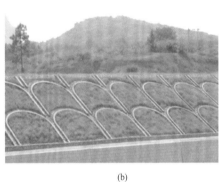

(a) (b)

图 6-2-10　骨架护坡实景图

（a）填方菱形骨架护坡；（b）高速公路块石骨架护坡

（2）挖方边坡要设置护脚挡土墙，防止底部截水沟长时间积水对坡脚根部浸泡形成薄弱点。

（3）后续工程，特别是南方多雨地区工程，围墙尽量设置在护坡顶部，不设置在护坡坡脚，如设置在护坡坡脚，围墙外必须设置截水沟，且内外截水沟孔径要合理设置。

（4）在汇水面较大的边坡上部设置截水沟，且必须在施工图中明确，不推荐写"根据实际地形设置"。

3. 施工方面

（1）高强植基毯护面绿化。坡体与植基毯之间用土钉固定并连接为整体，植基毯内置植生基质。植基毯铺设完成后，需进行 3 个月的初期养护，确保植物成活。

（2）养护时间及次数。种子前期养护一般为 45 天，发芽期 15 天湿润深度控制在 2cm 左右，幼苗期依据植物根系的发展逐渐加大到 5cm 以上，前期养护时间为每天养护两次，早晚各 1 次，早晨养护时间应在 10 时以前完成，下午养护应在 16 时以后开始，避免在强烈的阳光下进行喷水养护，以免造成生理性缺水和诱发病虫害。在高温干旱季节，种子幼芽及幼苗由于地面高温容易受伤，每天应增加 1～2 次养护；下雨或阴天可适当减少养护次数。

4. 管理方面

（1）新工艺、新技术、新材料的应用一定要谨慎地进行前期论证，特别是牵涉工程实体质量的。

（2）监理单位应认真审查施工图，要求施工单位严格按照施工图纸施工，施工图不明确的，应要求设计在设计交底明确。

（3）应优化施工组织流程，减少交叉作业。

（4）监理项目部要加强内外围墙截水沟施工协调和验收，避免出现施工单位擅自变更施工图做法造成汇流面积减少。

第七章　水工系统及建（构）筑物

案例1　生活污水处理后无法直接接入绿化系统

【案例描述】

经生活用污水处理装置处理后的水，需采用污水车抽拉的方式才能用于站内绿化浇灌，但现场没有配备污水车，需要不定期的雇用社会车辆和人员到站内进行污水处理，不便于运行人员常态化管理和设备运行安全。

【案例分析】

在换流站设计初期，将污水处理装置处理完毕的水设计为车辆转运中转处理，未设置绿化用水管道及污水泵。

【指导意见/参考做法】

1. 整改情况

在污水处理装置周边增设了数个洒水栓，将处理完毕的水进行绿化利用。

2. 设计方面

(1) 处理完毕的水，可进行绿化利用。在站内设计一路绿化水系统，水源采用处理完毕的水。

(2) 研究将处理完毕的水作为设备冲洗水的可能性。

案例2　调相机循环水管道流量计井及测量井渗水

【案例描述】

现场发现循环水管道阀门井内进水，蝶阀的电动执行机构被水浸泡（仪表井内的热控仪表尚未安装），如图7-2-1所示。发现问题后，设计人员对所有阀门井、流量计井、测量井等井口进行了加高，加高的井口侧壁设置了不锈钢通风百叶，盖板采用了整体成形的花纹钢盖板。施工安装及调试过程中，井内多次进水。

【案例分析】

(1) 仪表设备第一次被水浸泡后，经现场查看，发现管道穿井壁处未按图集要求施工，未填涵，管道与井壁之间的缝隙有进水痕迹，且积水含有大量泥沙。可以判定第一次设备被水浸泡是雨水沿管道穿井壁处进入井室。

图 7-2-1 调相机循环水管道流量
计井及测量井渗水

（2）仪表阀门井第二次以及之后的多次进水，原因为电气及热控专业在电缆保护管穿井壁的施工后，未对洞口进行填涵封堵，钢筋混凝土盖板与砖砌井壁之间的缝隙处也有渗漏水痕迹，进入井室的水含有大量泥沙。

（3）流量计井渗水是由于雨水较大、井周围积水及地基不均匀沉降造成井壁缝隙处渗水。

（4）上述仪表井，图集均在底板上设置有直径300mm深500mm的集水坑，管道检修或法兰等局部渗漏时，未及时将积水采用潜水泵抽出排入附近的工业废水井。

【指导意见/参考做法】

1. 整改情况

（1）管道及电缆保护管穿井壁处进行填涵。

（2）井结构采取外包混凝土方案处理。

（3）对井周围的回填土按图纸要求重新回填、夯实。

（4）更换被水浸泡过的热控仪表及蝶阀电动执行机构。

2. 施工方面

（1）仪表及阀门井需严格按图集要求施工，对图集上的节点做法有疑问请及时与相关编写单位联系，不得随意更改图集做法。

（2）应加强施工管理，加强隐蔽工程验收。工序交接验收过程中，土建施工完成并通过验收后才可以进行安装工程作业。且应加强施工过程中的成品保护，恶劣天气、特殊工况下应加强巡检、防护。

（3）条件允许的情况下，比如周围有工业废水井，且井底标高较深，可以考虑增设排水系统，将仪表阀门井内的积水接入工业废水系统。

（4）条件允许的情况下，尽量将精度较高的热控仪表，以及电动阀等带电设备布置在室内地面以上或室外地面以上并加挡雨板。

（5）在南方多雨水地区应尽量选用钢筋混凝土井以提高仪表井的防渗性能。

案例 3 某特高压变电站水泵房墙面渗水

【案例描述】

某特高压变电站消防泵房及消防水池于当年12月建成投运，在水池注水完成一段时间后，次年3月发现消防泵房与消防水池共墙的墙体表面有多处湿渍，详见图7-3-1。

【案例分析】

1. 设计情况

该变电站消防泵房（含水池）为半地上建筑，结构形式为框架剪力墙结构，消防泵房与消防水池共用一面混凝土剪力墙。根据《地下工程防水技术规范》（GB 50108—2008）中 3.2 条相关规定，结合生产工艺要求，消防泵房属于人员经常活动但不长期停留的场所，确定泵房防水等级为二级，结构表面不允许漏水，允许有少量湿渍。

图 7-3-1　某特高压变电站水泵房墙面渗水照片

依据 GB 50108—2008 中 3.3.1，该工程消防泵房与消防水池采用防水混凝土＋防水砂浆的防水设防措施。由于基底埋深为－3.22m，防水混凝土设计抗渗等级选用 P6，设计图纸按照二级防水等级要求，采用了 P6 防水混凝土＋20mm 厚防水砂浆的防水措施。

设计按照防水等级二级进行设计符合设计规范要求，防水等级二级允许出现少量湿渍。消防泵房与消防水池共墙的墙体表面有多处湿渍，属于正常情况，不存在质量缺陷。

2. 施工情况

消防泵房为钢筋混凝土结构，建筑高度 5.15m，由泵房和水池组成。地下部分混凝土抗渗等级为 P6。结构混凝土强度为 C30。钢筋采用 HPB300 和 HRB400E 级钢筋。监理审查钢筋供货商厂家资质，钢筋进场后，审查钢筋的出厂合格证明文件，对钢筋及其钢筋焊接接头进行见证取样送检，审查复试报告和焊接力学性能试验报告，检验结果符合要求。

人员对钢筋规格、间距、数量等进行检查验收满足要求；审查混凝土配合比、合格证、随车料单、砂、石、水泥、外加剂等组成原材料的合格证及复试报告，掺加外加剂的混凝土性能检验报告及坍落度等均满足要求，对混凝土浇筑进行全过程旁站监理；进场后，开展见证取样送检，审核复试结果是否合格；对结构拆模后外观质量进行检查验收，混凝土结构内实外光，截面尺寸满足要求。消防泵房每一步工序都是在监理验收合格后再进行下一道工序，隐蔽工程验收全部合格，施工质量符合设计要求。

【指导意见/参考做法】

1. 整改情况

应运检单位要求，为消除消防水池向消防泵房渗水，按照一级防水等级的防水设防要求，在 P6 防水混凝土＋20mm 厚防水砂浆的基础上，对消防水池四壁加涂一道柔性有机防水材料——聚合物水泥防水涂料。

详细工艺要求如下：

（1）防水涂料需符合《聚合物水泥防水涂料》（GB/T 23445—2009）的相关要求，且聚合物水泥防水涂料选用Ⅱ型产品。

（2）涂刷前墙面阴阳角应做圆弧（阴角圆弧宜大于50mm），增加胎体增强材料（胎体增强材料可选用聚酯无纺布或化纤无纺布），增涂防水涂料，宽度不应小于50mm。

（3）聚合物水泥防水涂料涂刷前，基层表面应基本干燥（当基面较潮湿时，应涂刷湿固化型胶结剂或潮湿界面隔离剂），不应有气孔、凹凸不平、蜂窝麻面等缺陷，基层阴阳角应做成圆弧形。

（4）涂料施工环境温度应在5～35℃范围。

（5）聚合物水泥防水涂料涂刷厚度应不小于2.0mm，应分层涂刷，涂层应均匀，不得漏刷漏涂，接槎宽度不小于100mm。

（6）铺贴胎体增强材料时，应使胎体层充分浸透防水材料，不得有露槎及褶皱。

（7）防水层施工完成，需按产品说明进行养护，并按要求采取保护措施。经验收合格后，方可重新注水。

2. 设计方面

（1）在初步设计阶段，按国标和运行单位的需求，合理确定防水等级。如运行单位有特殊要求，可将特高压工程消防水池提高至一级防水等级设计，采用防水混凝土＋防水砂浆＋防水涂料/防水卷材/防水板设计，以满足不允许渗水，结构表面无湿渍的防水等级要求。

（2）优化消防水池设计，在场地规划允许的前提下，消防泵房与消防水池分开，不共用墙体，能有效减少出现湿渍的情况。

案例4　站内场地排水口设计不满足场地排水要求

【案例描述】

某换流站在强降雨后，发现主辅控楼北侧道路边、综合水泵房及极2辅控楼附近、高端阀厅南侧、直流场区域存在多处积水。

【案例分析】

1. 设计方面原因

（1）主、辅控楼北侧道路边为交流场，将主路至500kV GIS室设置的若干步行通道的排水区域隔断成若干小的排水区域，导致排水不畅，如图7-4-1所示。

（2）极2高辅控楼北侧、综合水泵房附近，根据总图竖向布置，道路路边为低点，原设计只在路边设置雨水口，且施工后期局部场地改为硬化阻挡了场地排水，如图7-4-2所示。

（3）阀厅和直流场之间道路是在开工初期最早施工的，阀厅只有外框尺寸，还没有门的位置，高端阀厅南侧雨水口预估位置有偏差。

2. 施工方面原因

直流场内设计有四十余个镂空井盖，根据现场查验发现，未按图纸采购实施，影响了排水能力。直流场场地较大，绿化场地找坡与竖向图纸存在偏差。

(a)   (b)

图 7 - 4 - 1   步行通道排水区域实景图

（a）整改前；（b）整改后

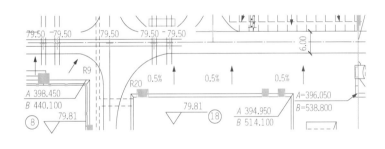

(a)

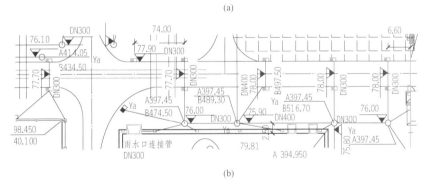

(b)

图 7 - 4 - 2   设计布置图

（a）竖向布置图；（b）雨水口及管线布置图

【指导意见/参考做法】

1. 整改情况

相关区域增加雨水口。

2. 设计方面

（1）建议通往 500kV GIS 室的步行道位置尽早确定，以便调整或增加雨水口位置、数量；当步道位置确定较晚或者需要现场调整确定时，在施工前联系水工专业人员及时调整或增加雨水口；

当步道数量较多，设置雨水口比较困难时，建议步道留过水槽或埋排水管。

（2）硬化场地现场增加或调整时会影响场地排水，需及时通知水工专业人员，以便及时调整雨水口位置或增加雨水口数量，以免后期增加时困难较大。

3. 施工方面

（1）由于道路施工较早，在资料不具备的情况下雨水口布置存在一定风险，施工过程中需及时配合调整。

（2）施工过程中施工单位开展二次策划。

案例5　调相机工业补水泵运行模式存在缺陷

【案例描述】

调相机工业补水配置两台补水泵，一用一备，变频控制。调相机工业补水泵设置在换流站综合水泵房内，通过一根独立设置的工业补水管线送至调相机区域供调相机工业补水用水。

调相机工业补水泵有两个供水点，一个为机械通风冷却塔补水，另一个除盐水补水。调相机补水系统设计为恒压供水系统（供水系统的稳定压力可通过调试确定），补水泵采用变频控制，水泵通过泵出口的压力变送器送出的压力信号来控制水泵的运行频率，通过补水泵的变频调速来调节供水的流量及供水压力，当系统无供水需求时，水泵可低频率运行一段时间（可调节）再停泵，这样可以避免水泵频繁启停。

为满足设计的要求，现场对调相机工业补给水系统及补水系统运行中可能存在的运行工况进行了调试及试验：①机械通风冷却塔和除盐水制水装置同时供水；②机械通风冷却塔单独供水；③除盐水制水装置单独供水；④无供水需求工况。

上述工业补水泵调试工作历时近两个月，对调相机分系统调试等工作造成了较大影响，最终调相机工业补水系统水泵状态信号仍不能接入监控后台且无法远程遥控水泵。

【案例分析】

恒压供水补水系统运行方式为常规的工业补水系统设计，经多年的运行验证及本项目的调试结果可满足工业补水的运行要求，此系统为可满足多用户不同流量需求的供水系统。

由于恒压供水补水系统运行方式为就地自动控制方式，且综合水泵房距离调相机厂房较远，距离约1km，长距离敷设控制电缆难以传输泵的信号，因此没有考虑状态信号的传输。

【指导意见/参考做法】

1. 整改情况

后期运检单位提出工业补水泵状态信号接入监控后台的要求，设计经过配合，将调相机补水泵的状态信号通过已敷设电缆的备用芯接至极1低端水处理控制柜，然后通过已有的通信链路传送至换流阀直流控保后台，进而满足补水泵状态信号传输至监控后台的要求。

2. 设计方面

对于工业补水泵距离调相机站区较远的工程，其监控方式应结合工程的实际情况选择，并提前与业主充分沟通，在初设及设备招标阶段提前落实。

3. 管理方面

建议后续工程中，对于此类远离调相机站的水泵的调试工作要重点提出要求，并写入设备招标规范书中。

案例 6　某特高压换流站极 1 低端阀组工业水进水管道破裂

【案例描述】

某换流站工程土建施工期间，极 1 低端阀组工业水进水管道破裂，大量水流入极 1 低端平衡水池。因喷淋泵进水管与平衡水池墙壁之间密封不严，导致大量水经平衡水池渗入喷淋泵房内，泵房内相关设备被水淹没。渗水位置示意图如图 7-6-1 所示。

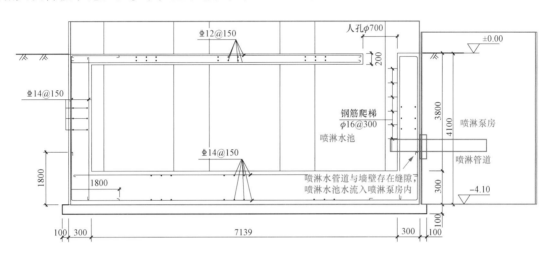

图 7-6-1　渗水位置示意图

【案例分析】

1. 施工方面原因

（1）施工项目部技术员和施工人员凭经验进行施工，未按图施工。

（2）施工填充用的柔性填充材料及密封材料不符合规范及设计选用图集要求。

（3）水池套管施工工艺未执行按照《防水套管》（02S404）图集标准要求，造成渗漏水。

2. 管理方面原因

（1）现场施工技术交底不明确，导致施工人员对施工工艺关键点掌握不到位。

（2）进场密封材料把关不严格，造成材料不合格。

（3）施工过程中现场施工和监理监督检查不到位，未完成按照设计图集要求组织施工。

（4）施工过程套管安装、管道连接等隐蔽工程验收不严格。

（5）管道试运时未认真仔细的检查管道的通水情况。

【指导意见/参考做法】

1. 整改情况

根据国标《防水套管》（02S404）相关要求，对管道与喷淋水池墙壁连接处采用聚苯乙烯板等柔性材料进行填充并加装密橡胶封圈，对相关水淹设备进行更换。

2. 施工方面

（1）施工中严格执行设计图纸、图集等技术规范性标准。

（2）加强施工项目部质量工艺交底管控。

3. 管理方面

（1）加强施工质量过程管控，特别是隐蔽工程，严格落实质量工艺标准和隐蔽工程验收签证制度。

（2）加强施工项目部和监理项目部的监督与检查。

（3）管道正式投用前，加强试运过程管理，发现问题及时处理，减少影响范围，降低损失。

案例7 某特高压换流站低温环境导致工业水及生活水水管泄漏

【案例描述】

换流站工程因所处地区冬季较寒冷且站内地下水管路设计存在问题，导致在土建施工期间，站内水管多次因温度低或现场施工不当导致出现泄漏现象。且综合楼生活水管及一次备品库水管路较为单一，导致回路中处理单个渗水部位时，严重影响施工进度及现场人员生活生产用水。

【案例分析】

1. 设计方面原因

（1）设计单位未充分考虑当地低温对管道的影响，管道埋深未在冻土层深度以下，管道阀门井没有考虑保温措施。

（2）站内主要用水供水管路单一。

（3）水管管道的材质及布置方式不妥。

2. 施工方面原因

（1）施工在图纸会审时未充分考虑当地低温对管道的影响，未对管道埋深未在冻土层深度以下等问题提出异议。

（2）水管铺设及焊接尽量避免在冬季施工，应合理组织施工工序，提前完成地面以下管道及电缆沟等开挖回填施工。

（3）管道接头热熔焊接参数控制不严，导致焊接质量不可靠。

（4）管道施工完成后回填土未按图纸规范要求施工，后期回填土下沉导致钢骨架塑料复合管管道接头损坏漏水。

3. 管理方面原因

（1）图纸会审深度不够，会审时没有发现设计存在的缺陷。

（2）现场施工技术人员交底不仔细、不明确，导致施工人员对施工工艺关键点掌握不到位。

（3）回填土施工管理不到位，未做好隐蔽工程验收。

【指导意见/参考做法】

1. 整改情况

（1）优化地下水管网并增加了站区阀门井和管路阀门位置。

（2）对全站阀门井内管道包扎保温泡沫。

（3）在站外 500m 处阀门井及站外围墙根部阀门井添加锯末保温。

（4）针对站外围墙下阀门井距离井口深度 1.5m，距离水平地面实际深度 1.2m，其深度小于其他阀门井，并且表面堆土厚度比较低仅 25cm，没有采用保温井盖，在夜晚用水量低的情况下可能发生冻管问题，采取增加堆土厚度和宽度方式确保保温效果。

2. 设计方面

（1）加强对当地环境的掌握：一是设计单位应充分掌握当地的极端气候条件；二是掌握附近既有工程的病害规律分布，提前预判；三是做好保温措施，在设计中作出应对。

（2）在高寒地区及特殊地质（如膨胀土、粉沙质土等）条件下，加强对水管管道的材质及布置方式是深埋还是明敷的合理性研究。

（3）设计时考虑站区给排水管线冗余设置，优化管路布置，提高运行可靠性。

（4）影响钢丝网骨架塑料复合管热熔焊接质量的因素较多，建议在上述特殊条件下慎用。

（5）建议设计将工业水、消防水、生活水管道设计为混凝土综合管沟，便于检修，防止漏水发生。

3. 施工方面

（1）加强施工质量管控。一是加强施工质量过程管控；二是严格落实质量工艺标准和隐蔽工程验收签证制度。

（2）加强冬季施工质量防护措施，制订冬季专项施工方案。特别是钢丝网骨架塑料复合管热熔、回填图施工，要有针对性的措施。

（3）管道底铺设 150mm 砂垫层，可采用中砂、粗砂或天然级配砂石，其最大粒径不宜大于 25mm，接口底部垫砂压实系数宜为 0.85～0.90，接口上部垫砂压实系数应大于 0.93，并按规定的沟槽宽度满堂铺筑、摊平、拍实。

4. 管理方面

（1）在图纸会审方面：一是深入开展图纸会审工作；二是在会审时发现设计存在的缺陷应及时纠正。

（2）管道施工需充分考虑冬季施工特点，科学合理编排工期和进度计划，要保证各道施工工序保质保量如期完成，提前策划好质量保证措施，加强三级自检和验收，确保施工质量。

（3）加强现场施工管理，分工清、责任明，确保监督验收人员履职尽责，对于关键环节、重点部位等进行全程监督，做好质量工艺标准和隐蔽工程验收工作。

第二篇　电　气　篇

第八章　换流变压器、主变压器及高压电抗器

案例1　换流变压器大负荷期间乙炔超标问题

【案例描述】

极2低端Yy A相换流变压器现场进行大负荷调试阶段，发现产品油中色谱异常，油色谱一体化显示乙炔、乙烯、氢气、总烃值均告警。

【案例分析】

对极2低端Yy A相换流变压器进行排油内检，发现换流变压器阀侧a相引线与均压管之间的等位连线外部绝缘有过热碳化痕迹，如图8-1-1所示，同时测量a相引线的载流导线与均压管之间为导通状态。

根据检查结果，初步分析阀侧a均压管等电位连线存在异常电流流过，等电位线的异常过热导致换流变内部大量产气。

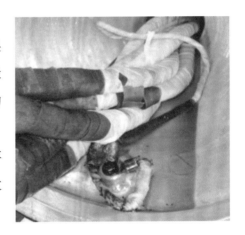

图8-1-1　故障位置过热碳化实景图

【指导意见/参考做法】

1. 整改情况

为保证产品运行质量，经厂家、业主、监理、施工及多位专家见证讨论，制定极2低端Yy A相换流变压器移出，备用换流变推入，以确保换流站安全稳定运行。极2低端Yy A故障相在现场吊盖、检查处理的方案。

图8-1-2　检修防雨棚实景图

（1）故障相牵引至现场换流变检修场地位置进行检修，设置移动式伸缩防雨棚（如图8-1-2所示），用于换流变吊盖检查时防雨、防尘。

（2）对换流变进行常规试验检查，包括网、阀侧直流电阻测量，铁芯对地、夹件对地、铁芯对夹件的绝缘电阻测量、冷却器油泵检查、分接开关检查等。

（3）换流变附件拆除，并吊罩检查，检查主要内容包括阀侧套管和升高座的拆除检查、阀侧引线检查。

图 8-1-3　阀侧交流外施耐压及局放试验

（4）更换阀侧 a 相引线与均压管之间的等位连线。

（5）检查处理完毕后，回装所有组部件，进行抽真空、油务处理。

（6）为校验换流变阀侧外施耐压水平，现场增加阀侧交流外施耐压及局放试验，如图 8-1-3 所示。

2. 施工方面

在以后的换流站工程换流变安装前，加强对厂家的质量品控要求，同时在安装过程中施工单位对其等电位线等内部线进行绝缘测试。

案例 2　换流变压器储油柜胶囊破损

【案例描述】

某换流站极 1 换流变压器安装过程中出现二次油枕胶囊破损情况，第一次，在极 1 高端 Yy C 相换流变热油循环结束后，发现呼吸器喷油、经检查油枕胶囊破损，导致变压器油进入胶囊；第二次，在更换完极 1 高端 Yy C 相换流变油枕胶囊，换流变油枕进行补油过程中发现胶囊破损。

【案例分析】

（1）第一次胶囊破损。将换流变压器热油循环结束后破损的油枕胶囊拆除检查，发现此油枕的黏接缝处有几处细微的开裂、沙眼，导致胶囊泄漏进油。经分析，此胶囊之前的充气密封试验合格，同时再次检查确认了油枕内无毛刺和尖锐点，但在经过抽真空、热油循环后，发现胶囊接缝有细微开裂、沙眼，可能是胶囊本身质量存在隐患，经抽真空和热油循环后，导致胶囊细微开裂、沙眼。

（2）第二次胶囊破损。在更换胶囊后对油枕补油时，按照设备厂家工艺要求，先对胶囊内需充 10～20kPa 正压保证胶囊完全展开，再从油枕注油管持续对油枕补油，补油过程中油枕顶部排气阀门完全打开，当排气阀门出油时，油枕注油工作结束。但在此过程中，发现油枕顶部阀门一直未排气，后打开油枕侧面人孔盖时发现胶囊破裂、进油，经对胶囊排油检查，发现胶囊接缝部位出现大面积破裂。经分析，是由于胶囊受到过大压力导致胶囊本身开裂破损，可能是在胶囊本身充有较大气压的状态下，在对油枕补油过程中的注油压力也同时施加在胶囊本体上，最终导致胶囊过压破损开裂。另外在分析检查时发现设备厂家工艺要求胶囊充气压力为 10～20kPa，但设备厂家工艺要求胶囊充气压力为 10kPa 以下，也可能是胶囊过压破损的原因之一。

【指导意见/参考做法】

1. 整改情况

（1）对破损、出现沙眼、开裂的胶囊进行了更换。

（2）对出现胶囊破损的油枕内部，统一再次进行了严格细致的检查，对油枕内部发现的毛刺进行了打磨、抛光、刷保护漆层等处理措施，确保胶囊不再因外部尖锐物发生损坏。

（3）在油枕补油过程中，降低胶囊充气压力、减小了注油速率（在厂家原先要求的数值上均有所降低，充气压力由原先10kPa降低至5kPa），保证胶囊更换及油枕补油工作顺利完成。

2. 设备方面

（1）落实对换流变压器关键重要附件的出厂监造检查管理，将油枕胶囊出厂检验作为重要检查之一。

（2）胶囊充气密封试验前，加强油枕内部检查工作。由厂家及施工单位共同对油枕内部进行检查、监理进行旁站，确保油枕内部无毛刺、无尖锐物、无一切可能导致胶囊破损的部件。

3. 施工方面

（1）严格落实油枕安装前胶囊的充气密封试验，充气压力一般为10kPa，保持时间24h，但在厂家有特殊要求时，需按照厂家技术文件执行，特别是胶囊充气压力。

（2）油枕胶囊充正压气体、油枕补油时，应严格按照厂家技术文件进行操作，做好胶囊气压监测、补油速率监测，确认油枕顶部排气阀门在打开状态，控制好胶囊的气压值，使其在厂家要求的范围内，杜绝超压。

案例3　换流变压器分接开关拒动

【案例描述】

某换流站在运行过程中，在进行换流变压器有载调压时，已出现两次分接开关拒动，停止功率升降，对设备的安全稳定运行造成很大的安全隐患。

【案例分析】

低端换流变分接开关机构箱，防风沙效果不佳，柜子顶部、底部及柜内元器件、接线上均有一定程度的浮尘现象，对有故障的继电器进行拆解后，发现其内部存在沙尘（见图8-3-1），更换新的继电器后此问题消失，从而可以判定，分接开关的拒动，是由于机构箱内部主要的继电器进沙尘造成继电器内部节点不能按指令准确的断开或闭合，导致控制回路无法实现。

图8-3-1　分接开关控制箱箱内实景图

【指导意见/参考做法】

1. 整改情况

（1）更换进沙严重并已导致故障的继电器，对故障继电器进行拆解分析原因。

（2）对进沙尘的分接开关机构箱、端子箱、汇控柜进行除尘，除尘时操作幅度应缓慢，防止误碰继电器，同时做好防止继电器误动的措施。

（3）对箱体的防尘、密封措施做进一步检查处理。检查封堵是否完整、电缆穿孔是否封堵严密，检查箱体密封条是否完整且密封效果是否可靠，检查箱体的散热孔结构是否合理，并作出相应的整改。

2. 设计方面

（1）对低端换流变压器 Box-in 的结构进行调整，增加冷却器后方 Box-in 降噪板的面积，减小 Box-in 板与地面间隙，增强阻挡风沙效果，使其与高端换流变一致，保证降噪板与油池盖板接触，形成第一层较强的挡沙、阻沙屏障。

图 8-3-2　出厂箱体内继电器表面包裹
覆盖保险膜

（2）在后续工程中，针对西北地区或风沙较大地区，要求厂家所匹配的继电器有一定的防沙等级，箱体的防风沙等级应按高标准执行（包括设置双层门、改善散热孔结构等措施），出厂时箱体内二次元件应用保鲜膜完全密封覆盖（见图 8-3-2）。

3. 施工方面

施工过程中，强调户外二次设备的防风沙措施，施工前应检查机构箱内部继电器表面有无覆盖保鲜膜，若没有，施工单位必须在开箱后及时增加此防尘措施，电缆敷设及二次接线时不得损坏此保鲜膜。在设备上电调试前，可将此防尘措施拆除，但应及时关闭箱门，同时注意天气及周围环境情况。

案例 4　调试期间换流变压器顶部管道渗油

【案例描述】

某工程调试阶段，现场设备处于冷备用状态，后台发现极 2 高端 Yy C 相换流变压器油位告警信号，立即组织施工、厂家赴现场检查，发现本体上部散热器直径 200mm 导油管与阀侧升高座直径 80mm 油管搭接处阀门裂开渗油，如图 8-4-1 所示。

【案例分析】

（1）事件发生后，业主、运行、监理、施工及厂家对该直径 80mm 油管进行检查，发现距离渗油点最近的 U 形卡箍未紧固到位，与支撑间存在 5mm 间隙，如图 8-4-2 所示。

随后检查该油管管路，从阀侧往散热器侧坡度明显，详见图 8-4-3。

图 8-4-1　极 2 高端 Yy C 相换流变压器
顶部阀门裂开渗油

待油管油排尽后，施工及厂家对该阀门与直径 80mm 法兰面螺栓全部拆除，此时该油管两个 U 形卡箍均未松开，现场对直径 80mm 油管法兰与该阀门法兰同心偏差及法兰间距进行测量，得出数据：油管与阀门法兰面间最大偏差 12mm，同心偏差最大 18mm，如图 8-4-4 所示。

厂家对靠近该阀门最近的 U 形卡箍松开，此时发现直径 80mm 油管上翘，现场测量直径 80mm 油管底部与支撑件间距为 63mm，减去原先 5mm，上翘了 58mm，详见图 8-4-5。

图 8 - 4 - 2 距离渗油点最近的 U 形卡箍未紧固到位

图 8 - 4 - 3 阀侧往散热器侧坡度明显

(a)   (b)

图 8 - 4 - 4 油管与阀门法兰同心偏差及法兰间距误差

(a) 同心偏差最大 18mm；(b) 法兰面间最大偏差 12mm

厂家对距离该阀门最近的 U 形卡箍及支撑件拆除，重新固定距离该阀门最近的 U 形卡箍。此时对油管与阀门法兰间距及同心偏差再次测量，法兰面间距 32mm，同心偏差 35mm，详见图 8 - 4 - 6。

(2) 该台换流变压器安装期间就出现法兰同心偏差较大问题，施工项目部及厂家未及时将问题反馈业主监理，该阀门雨油管对接未能实现自然状态下紧固。

【指导意见/参考做法】

1. 整改情况

(1) 厂家专业焊工将油枕引下的水平管与法兰重新切割、调整、焊接、固定安装，对该区域管道抽真空、注油方式处理。

图 8 - 4 - 5 直径 80mm 油管上翘 58mm

(2) 运维、监理、厂家对所有 800kV 换流变压器该部分油管水平度进行排查，检查无异常情况。后续调试及运行期间未发现异常。

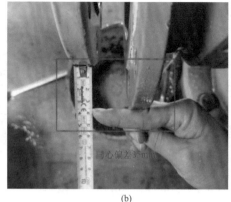

(a)   (b)

图 8 - 4 - 6　油管与阀门法兰同心偏差及法兰间距误差

（a）法兰面间距 32mm；（b）同心偏差 35mm

2. 设计方面

在后续工程中，在产品设计阶段，应充分考虑同心偏差、坡度及模拟运行受力情况，优化该部位设计，避免此类问题再次出现。

案例 5　站用变压器补油后高压侧 B 相升高座渗油

【案例描述】

施工单位对 2 号 66kV 站用变压器高压侧升高座进行拆除，开展升高座及套管交接试验工作，试验均合格，当天完成升高座及套管安装工作。站用变压器完成补油工作后，监理人员巡视检查发现 2 号 66kV 站用变压器高压侧 B 相升高座与本体连接处渗油（见图 8 - 5 - 1），违反《电气装置安装工程电力变压器、油浸电抗器、互感器施工及验收规范》（GB 50148—2010）中 4.8.2 第 2 点：密封垫圈应使用产品技术文件要求的清洁剂擦拭干净，其安装位置应准确。

图 8 - 5 - 1　高压侧 B 相升高座与本体连接处渗油

【案例分析】

（1）66kV 站用变压器是带升高座运输的，套管安装前需做常规试验，所以施工单位对升高座进行拆除，试验合格后再次安装时，密封垫未安装到位。

（2）施工人员配备不到位，监理检查发现，该站用变压器安装班组是启动回路区金具及管母安装的班组，并未安排换流变压器安装班组操作，安装技术能力不足，密封垫安装位置、状态不正确（见图 8 - 5 - 2）。

（3）监理对站用变压器套管安装质量旁站过程中，

图 8 - 5 - 2　密封垫有明显压痕

发现厂家有不在场指导安装的情况，厂家人员履职不到位。

【指导意见/参考做法】

1. 整改情况

（1）设备厂家出具整改方案，处理流程为排掉 20cm 油—对升高座进行拆除—更换密封垫—再补油。

（2）安排专人跟踪站用变压器整改进度，过程拍照存档，并要求站用变压器厂家加强整改后的巡查。

2. 施工方面

（1）在后续工程建设中施工单位人员分工应合理明确，建议安排专业人员进行设备安装，确保安装工艺满足要求。

（2）在后续工程建设中建议设备厂家安排高素质服务人员驻场，技术指导关键工序。

案例 6 主变压器、高压电抗器内部接线松动或断裂导致乙炔含量升高

【案例描述】

事件 1：某扩建工程系统调试期间，高抗油色谱在线监测装置测得绝缘油乙炔值迅速上升。经故障分析判断为不同电位之间火花放电，系统调试被迫中止。对设备进行放油内检，发现高压出线装置的等电位线断裂，高压出线装置内部铝管悬浮放电，导致乙炔值迅速上升。

事件 2：某变电站新建工程高抗 A 相绝缘油乙炔含量升高，翌年 B、C 相相继出现绝缘油乙炔含量升高。经排油内检，发现油箱内屏蔽接地线松动，低能量间歇性放电导致乙炔值含量升高。

事件 3：某扩建工程主变压器 B 相出现绝缘油乙炔含量升高，经排油内检，发现等电位接地线松动，低能量间歇性放电导致乙炔值含量升高。

【案例分析】

（1）现场使用吊车进行套管安装和调整，等电位线在吊装过程中受力而发生断裂。

（2）设备供应商负责主变压器、高压电抗器内检与接线，未发现内部接线松动或断裂。

【指导意见/参考做法】

（1）加强油浸设备安装过程管控和记录。针对内部安装、隐蔽工程等关键点应利用内窥镜、视频监控等方式，加强重要环节检查，并保存影像资料。

（2）加强特殊交接试验管控。管理人员不仅要关注试验报告结论，还要关注关键数据。尤其是带有故障预警作用的特殊指标，若出现异常，应及时汇报，并组织专题论证。

案例 7 备用相和备品交接验收不规范

【案例描述】

某扩建工程需将前期备用相转为本期运行相，启动调试前进行设备状态检查，发现高压套管油压低（约为 0bar）。检查后发现连通套管与套管小油枕的阀门关闭，且套管插入油箱内的金属接

地部分存在裂缝。

计划紧急启用站内备用高压套管，但发现该套管已贯穿性破损，且无入库手续。

【案例分析】

（1）备用相和备用高压套管向运行部门移交时，未严格履行验收程序，未签字留存，导致无法界定责任。

（2）接收备用相和备用高压套管时，监理、施工未进行进场验收并确认设备状态，未及时发现设备缺陷。

【指导意见/参考做法】

（1）基建向运行移交备用相时，应将备用相视为待运行设备，严格履行交接验收程序，同时移交实物和资料，并签字留存。

（2）运行向基建移交备用相时，应将备用相视为新出厂设备，严格履行进场验收程序，包括外观检查和资料检查，仔细确认备用相设备的状态。

案例 8　换流变压器油循环期间产生乙炔问题

【案例描述】

某换流站极 2 低端 Yd A 相换流变压器在热油循环时，产生乙炔、乙烯。

【案例分析】

经检查后发现，内部产气是由于极 2 低端 Yd A 相换流变压器油泵过热，线圈烧毁发热导致。

【指导意见/参考做法】

1. 整改情况

（1）现场发现极 2 低端 Yd A 相换流变压器乙炔、乙烯超标后立即暂停施工，在进行多次取样后发现乙炔等数值并未继续上升。

图 8-8-1　油泵线圈烧毁

（2）现场仔细排查后发现换流变压器产气原因为油泵线圈烧毁，如图 8-8-1 所示。

（3）现场将烧毁油泵进行了更换。

（4）重新进行热油循环，取样后油样正常。

2. 施工方面

在热油循环工序中，换流变压器的油泵需在有热保护器的保护下运行，在其发热初期，会切断电源，避免由于油泵过热产生气体。

案例 9　换流变压器电流互感器回路电缆独立问题

【案例描述】

某换流站在前期进行换流变压器成套设计时，就地电流互感器至换流变压器汇控柜电缆未按三套保护的原则独立分开。现场实施阶段，将换流变压器成套设计部分按三套保护原则独立设置电缆。

【案例分析】

换流变压器厂家参考以往换流站的典型设计方案，对就地电流互感器至换流变压器汇控柜的就地短电缆未按保护原则独立分开，由汇控柜至外部的保护控制回路则按要求独立分开设置。换流变压器厂家理解的电流回路起点在汇控柜，与设计要求的回路起点有偏差。

【指导意见/参考做法】

1. 整改情况

对换流变成套设计进行修改，严格按照设计要求，从电流互感器源头开始，对保护电流回路进行独立电缆设计。

2. 设计方面

在施工图设计阶段，设计院应积极提醒配合厂家，在图纸设计阶段要求厂家内部接线按要求严格不共缆。

案例 10　网侧升高座加装压力释放阀

【案例描述】

某工程原方案仅在油箱顶盖设置压力释放阀，经综合考虑，在原设计方案的基础上，网侧升高座下部增设一个压力释放阀及相应的排油管路。

【案例分析】

在施工阶段，经设计综合考虑，若网侧套管发生故障，产生的油压需要经过较远距离的传播才能使油箱顶部压力释放阀动作泄压，此过程将会使油压不能及时释放，有可能导致油箱及升高座承受过大压力而破裂，进而发生更大的连带事故。

【指导意见/参考做法】

1. 整改情况

在网侧升高座增设一个压力释放阀（如图 8 - 10 - 1 所示），防止上述问题发生。

2. 设计方面

设计单位与设备厂家将可能发生的问题提前给出对策，在设计根源上最大限度保证运行的可靠性。

图 8 - 10 - 1　网侧升高座安装压力释放阀

案例 11　电抗器本体与接线端子连接处发热

【案例描述】

某工程在进行极 2 低端大负荷试验过程中，发现极 2 低端 PLC 电抗器本体与接线端子连接处发热，温度达到 102℃，如图 8 - 11 - 1 所示。

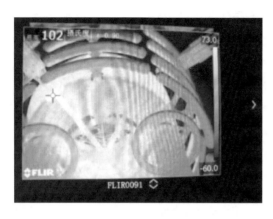

图 8-11-1 电抗器本体与接线端子连接处发热

【案例分析】

该部位连接螺栓在电抗器出厂前已安装完成，现场未能够对该部位螺栓按照标准力矩进行检查、紧固，导致发热。

【指导意见/参考做法】

1. 整改情况

将此部位螺栓拆掉，严格按照防止一次设备接头发热"十步法"进行处理。

2. 施工方面

在后续工程中，现场应按照规程规范对螺栓（除厂家明确表示不准拆开外）进行紧固。做到不放过每一个螺栓连接点，不放过每一个接触面，避免此类问题再次发生。

案例 12 高压电抗器套管瓷裙存在表面色差

【案例描述】

某变电站新建工程高抗到货后进行外观检查，发现高压套管外瓷套瓷裙表面存在修补痕迹，修补区域与瓷套本体间色差较为明显，共计 7 处。

随即在对供应商尚未发货的高压套管进行厂内检查时，发现另一支套管瓷裙表面亦存在修补痕迹，最大尺寸为 40mm×10mm，共计 8 处。

【案例分析】

（1）根据《额定电压为 1000V 以上的电气设备用空心增压和未增压陶瓷和玻璃绝缘子》（IEC 62155：2003），单个缺陷面积不大于 100mm²（套管瓷裙表面原始需修复面积小于 25mm²），且表面修补并不属于釉面缺陷（IEC 62155：2003 规定釉面缺陷指缺釉、碰损、杂质及釉面针孔），通过出厂试验，符合 IEC 62155：2003 标准，能满足正常使用的技术要求。

（2）意大利 P&V 公司和瓷件供应商分别对该问题进行排查并提供了排查报告。设备供应商确认两只套管瓷裙小范围的表面修补对产品质量无影响，并且该套管在套管厂和高压电抗器生产厂在出厂前都对套管进行了相关出厂试验，试验结果全部合格，因此，表面修补并不影响设备的技术性能。

【指导意见/参考做法】

（1）进一步完善设备采购合同的技术条款，在招标文件中明确并尽量细化、量化质量要求和技术指标。

（2）抓实抓细设备材料进场验收，必要时开展实测实量，确保进场设备满足规范、设计和合同要求。

案例 13　换流变压器排油装置柜抽真空阀门位置低于充油管道

【案例描述】

低端换流变压器排油装置柜需要抽真空注油，但是设置的抽真空阀门位置低于与本体连接的管道（见图 8 - 13 - 1），不满足真空注油要求（抽真空位置要高于注油位置），会导致在注油过程中，管道中气体排不净的隐患。

图 8 - 13 - 1　抽真空阀门位置低于与本体连接的管道

【案例分析】

排油装置柜设置的阀门只有 1 个，且位置低于排油柜进油管道。

【指导意见/参考做法】

1. 整改情况

现场加工三通带阀门，安装在本体排油柜取油样口处，对排油装置柜进行抽真空、注油。

2. 设备方面

换流变压器排油装置柜阀门数量和位置设置要满足现场抽真空注油要求。

案例 14　未准备套管安装专用工装

【案例描述】

某扩建工程需将前期备用相移位，施工单位拆除套管（ABB）后将备用相本体移位。套管拆除前，未通知套管厂家（ABB）到场见证。现场计划复装套管时，套管厂家（ABB）不愿意提供专用工装，也不愿意继续履行套管保修义务。

【案例分析】

（1）ABB 套管安装时，由水平状态调整为竖直状态，应由 ABB 公司提供专用工装，并采用三台吊车配合作业。

（2）施工单位在拆除 ABB 套管前，未通知厂家现场见证，ABB 公司不能确认拆除过程是否对套管造成了损伤，故不愿意继续履行套管保修义务，也不再配合套管复装工作。

【指导意见/参考做法】

（1）ABB 套管安装需由 ABB 公司提供专用工装。

（2）ABB 套管拆除前，应通知 ABB 公司到场见证并指导。

案例 15　调试期间换流变压器本体压力释放阀动作渗油

【案例描述】

某工程低端带电调试期间，极 2 低端 Yd C 相换流变压器在进行大负荷试验时，输送容量从

200MW缓慢增长到2400MW，极2低端YdC相换流变压器的负荷同样缓慢增加到1.2倍的额定负荷，出现了本体释压阀动作渗油的情况。

大负荷期间线路。具体情况如下：

10：42 传输功率达到2000MW；

11：23 巡检时发现极2低端YdC相换流变压器箱顶漏油，如图8-15-1所示；

11：34 渗漏油较多；

11：54 压力释放阀动作，后台有报警信号；

12：09 压力释放阀不再渗漏油，如图8-15-2所示。

图8-15-1 油箱顶部有渗漏油情况　　　　　图8-15-2 压力释放阀渗漏消失

停电后，厂家及施工单位，对极2低端YdC相换流变压器压力释放阀渗漏油进行排查。检查本体至油枕的阀门指示状态，电动阀处于开启状态，断流阀处于运行状态，如图8-15-3所示。

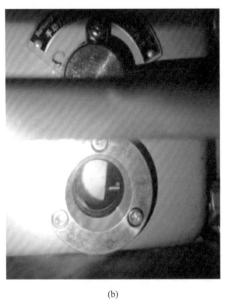

(a)　　　　　　　　　　　　(b)

图8-15-3 本体至油枕的阀门指示状态

(a) 电动阀处于开启状态；(b) 断流阀处于运行状态

关闭呼吸器阀门，在任意一个呼吸器底部注入干燥空气，另一个呼吸器有气体排出，更换注气口，验证另外一个呼吸器正常排气。然后打开呼吸器阀门。

在呼吸器底部用干燥空气通入，另一个呼吸器排气口进行封堵，呼吸管最上端放气塞导通，验证呼吸管路通畅。

观察瓦斯继电器无气，在线色谱正常。

5月21日，再次组织厂家及施工单位对电动阀进行再次排查。关闭主导油管 $\phi80$ 铜阀，关闭油枕下方 $\phi80$ 铜阀。拆除瓦斯继电器两端螺栓，排出联管内部残油，拆除瓦斯继电器，观察电动阀内部闭合状态，发现电动阀阀芯处于关闭状态。但电动阀指针处于打开状态，如图8-15-4所示，且后台信号为打开状态。

图 8-15-4　电动阀指针处于打开状态

【案例分析】

经过对断流柜进行检查，以及对二次回路进行排查，电动阀门中的球阀处于关闭位置，电动阀门中的电动执行机构指针位于开启位置，电动阀门至后台的电气信号位于开启位置，即电动阀门中球阀的实际开闭状态和反馈开关信号不一致。经过对以上现象进行分析，判断为电动阀门球阀阀体和外部指示不一致。

调试过程中，由于断流柜内 $\phi6$ 联管导通本体与油枕，缓慢的油温变化引起的压力增加会经过断流柜内 $\phi6$ 联管进行释压。

因电动阀处于关闭状态，换流变压器本体在油温升高后，变压器油膨胀后引起本体压力增大，且压力增大速度大于 $\phi6$ 联管释放压力速度，导致本体内部压力持续增大，直至压力释放阀动作临界值，所以引起压力释放阀动作。

【指导意见/参考做法】

1. 整改情况

（1）现场发现渗油原因后采取的临时措施：将电动阀手动调整至打开状态。关闭油枕断流柜电动阀门空开，避免后台产生报警信号。打开油枕下方 $\phi80$ 铜阀，从瓦斯继电器排气保证管路内部无气体。

（2）对电动阀门指针方向进行调整，并在调整结束后调试电动阀门至后台信号，保证阀门、指针、后台信号一致。并再次排油，拆除瓦斯继电器，核对电动阀门电动状态下指针与阀门状态的一致性。

（3）监理组织施工单位对双极低端换流变压器断流柜内的电动阀门进行全面排查，确保阀门指针与阀门实际状态一致。

2. 设备方面

（1）加强设备进场管控，制定可靠措施确保不再出现阀门指针与实际不一致的情况。

（2）在后续工程建设中建议设备厂家安排高素质服务人员驻场，技术指导关键工序。

案例 16 低端换流变压器中心标记错误问题

【案例描述】

某工程低端换流变压器（运行相：极 2Yy A 相，厂内工作号：Z2020 8Z03）产品在阀厅内就位后，在安装阀侧套管密度继电器过程中发现，阀侧 a 套管下部的 SF_6 密度继电器安装位置与阀侧套管封堵互相干涉，SF_6 密度继电器无法安装。

【案例分析】

经换流变压器厂家技术服务人员从阀侧套管方向的长轴侧测量到油箱箱底中心线的尺寸，Z2020 8Z03 产品的长度为 5.3m，现场其他 5 台 400kV 产品油箱箱沿到中心线处的长度为 5.2m，偏差 0.1m，原因为该台产品油箱箱底中心点标示喷涂错误，与其他产品中心线位置存在偏差，偏差为 0.1m，变压器整体向阀厅推进 0.1m，导致 SF_6 密度继电器安装位置与阀侧套管封堵互相干涉，无法安装。

【指导意见/参考做法】

1. 整改情况

拆除变压器大小封堵，将变压器向广场侧拖 0.1m，变压器转运过程中安装冲击记录仪，处理完成之后恢复大小封堵，按照图纸要求安装阀侧套管 SF_6 密度继电器。

2. 设备方面

（1）后续工程设备进场后，在常规检查的基础上，加强油箱箱底中心线尺寸的测量，确保满足图纸要求。

（2）后续项目换流变压器推进阀厅及时测量阀侧套管端部对阀厅墙的距离，满足设计院图纸要求，确保阀侧套管 SF_6 密度继电器安装。

案例 17 换流变压器仓位内设备安装碰撞

【案例描述】

某工程低端换流变压器油池内 Box - in 钢柱基础与主动排油模块存在碰撞。极 1 高端换流变压器油池内消防管道与 Box - in 消声器存在碰撞；Box - in 钢结构顶面纵向钢梁与油枕下方支架间交叉支撑存在碰撞。高端换流变压器零米层连接检修层（1.15m 层）钢梯与主动排油模块存在碰撞。

【案例分析】

（1）三维碰撞检查未考虑到位。

（2）厂家修改调整资料，相关专业未引起足够重视。

（3）厂家提供的图纸资料与实际不符。

【指导意见/参考做法】

1. 整改情况

（1）低端换流变压器主动排油装置调整定位，避开 Box-in 钢柱基础。

（2）Box-in 消声器往上移动，避开消防管道。

（3）Box-in 屋面钢结构根据油枕下方布置，调整钢梁布置。

（4）调整钢梯定位，避开排油模块。

2. 设计方面

（1）换流变压器油池内空间布置涉及多专业，任何资料修改应及时通知其他专业，及时做出调整。

（2）重视三维碰撞检查，三维建模应全面、充分考虑各部分布置。

案例 18　高压电抗器密封垫压纹导致高压电抗器渗油

【案例描述】

某变电站新建工程高压电抗器进行密封性测试时，发现油箱法兰连接处出现渗漏。经检查，发现箱沿下平面的油漆有一道裂纹，造成密封垫压纹，导致绝缘油从压纹处渗漏。

【案例分析】

（1）高压电抗器本体喷漆时，因气温较低（正好是冬季），高压电抗器上节油箱下法兰底面的油漆未干透，产生的油漆裂纹造成密封垫产生压纹，导致绝缘油渗漏。

（2）设备供应商油漆质量检查不全面，出厂前未严格开展整体密封检测，未发现该处缺陷。

【指导意见/参考做法】

（1）设备供应商应严格按照工艺加工、检验，控制好喷漆环境，重点检查漆膜质量，并根据检查情况进行补漆。

（2）高抗设备出厂前，设备供应商应进行整体密封检测。

案例 19　换流变压器二次接线调整

【案例描述】

某工程在极 1 低端换流变压器调试阶段发现换流变压器 PLC 及本体二次接线错误较多，PLC 程序不符合要求，部分逻辑不能实现，造成后续调试时间加长。

【案例分析】

（1）换流变压器厂家二次设计与设计单位二次设计未做好合理对接，导致厂家二次接线与至后台信号不对应，导致现场二次线大量整改。

（2）设计单位未提前对 PLC 程序与换流变压器厂家做细致的统一规定。

【指导意见/参考做法】

1. 整改情况

（1）组织召开技术协调会，对换流变压器PLC逻辑程序进行统一整理规定。

（2）厂家派二次人员对出厂设计错误的回路进行了整改，同时对PLC程序进行了整改。

2. 设计方面

（1）设计初期，设计单位应组织运检、厂家设计、施工等单位对换流变压器PLC程序提前进行审核并统一。

（2）换流变压器厂家二次设计应与设计单位做好换流变压器本体信号设计的交接，防止出现信号不统一、不对应现象。

3. 设备方面

（1）换流变压器厂家应对其汇控柜进行优化设计，防止出现二次接线拥挤、槽盒盖盖不上的问题，给后续安装工艺创造良好条件。

（2）换流变压器厂家应提前对PLC程序进行校验设定，保证换流变压器本体接线完成时立即具备PLC调试工作。

案例20 高压电抗器整装运输水平方向加速度超限

【案例描述】

某变电站扩建工程，因高压电抗器出现故障，需采取整装（带套管）运输方式更换高压电抗器。为监测高压电抗器受到的冲击力，需安装传感器，实时监测并记录水平和垂直方向加速度。高压电抗器整装（带套管）推移至油池位置后，设备厂家作业人员拆除出线装置临时支撑（运输阶段进行补强）时，临时支撑突然发生下坠，导致套管顶部传感器记录水平方向加速度为 $3.48g$（超过设定限值），垂直方向加速度为 $1.1g$。

【案例分析】

（1）设备厂家拆卸作业操作人员作业不规范。在拆卸临时支撑前，未对临时支撑采取防坠落措施。拆卸临时支撑螺栓时，临时支撑突然出现下坠，导致出线装置及高压套管等承受了额外冲击。

（2）经现场检查、受力分析，确认高压电抗器设备状态良好，满足运行要求。

【改进建议/工作启示】

高压电抗器整装运输更换方案，安装传感器监测水平和垂直方向加速度，应重视支架拆除等小作业可能引致的冲击。

第九章　换流阀及调相机

案例 1　阀冷管道法兰处渗水

【案例描述】

某工程阀冷系统设备厂家技术人员对极 1B 套阀冷系统加压，监理巡视检查阀冷管道时，发现部分管道法兰处渗水，如图 9-1-1 所示，违反 2016 版标准工艺 0102090402 换流阀内冷却系统安装要求。

【案例分析】

（1）通过图 9-1-2 可以看出，施工单位在管道安装过程，螺栓未严格按工艺紧固，法兰密封垫受力不均匀，标红处无压痕，导致渗水。

图 9-1-1　外冷管道法兰处渗水　　　　图 9-1-2　标红处密封垫无压痕

（2）密封垫材质不合格。经监理检查，阀冷设备 A 厂家提供的密封垫为 2mm 厚克林格 C4400，而阀冷设备 B 厂家采用 3mm 厚聚四氟乙烯密封垫未出现渗水情况。

（3）管道法兰焊接均匀度与密封垫不匹配。现场将渗水处密封垫由 2mm 厚克林格 C4400 更换为 3mm 厚聚四氟乙烯密封垫，并重新按工艺紧固力矩后，打压 1.5MPa 稳压 1h 无渗水现象。

【指导意见/参考做法】

1. 整改情况

（1）施工单位对渗水法兰处螺栓进行 400Nm 力矩紧固。

（2）监理项目部安排专人跟踪施工及厂家现场排查所有阀冷管道，特别是更换后的密封垫。

（3）阀冷系统设备厂家对渗水部位密封垫进行更换，并且严格按照会议纪要要求执行到位，施工方严格按工艺紧固，重新加压 1.5MPa 1h，监理组织各方见证，并检查各处阀冷管道法兰处均无渗水现象。

2. 施工方面

（1）在后续工程阀冷管道安装过程，建议施工方安排经验丰富的班组进行安装，确保阀冷管道安装工艺与相应规范零偏差。

（2）在后续工程建设中，招标时建议认真择优选择供货厂家，阀冷系统生产厂家设计工程师应充分考虑阀冷管道法兰焊接均匀度与密封垫的匹配问题。

案例 2　断水保护压力传感器电压等级不匹配

【案例描述】

在某换流站排查中，发现调相机组定转子水流量低和润滑油压力低保护采用的开关，接点耐受电压选型参数为 DC 110V，与非电量保护装置开入板所采用 DC 220V 电压不匹配，可能存在误动拒动风险。

【案例分析】

（1）设计单位按照控制保护设备厂家提供的调相机保护资料设计的调相机保护图纸，均满足《同步调相机控制保护系统技术导则》相关热工保护的要求。

（2）调相机设备厂家给设计单位提供的资料中未提供其供货压力开关的耐压等级相关资料。设计单位因未对电气非电量保护装置查询电压等级进行有效沟通配合，对调相机设备厂家提供的接点耐电压等级信息未做持续提资要求和深入配合。

【指导意见/参考做法】

1. 整改情况

调相机设备厂家更换符合耐压等级要求的压力开关。

2. 设计方面

（1）在后续工程中要及时掌握国网有关部门关于调相机方面新的规程、导则、技术标准，在实际工程中精准落实。

（2）要加强与相关设备厂家的联系配合，对设备厂家提供的各种设备的技术参数应深入配合，应全面细化和明确写入技术规范书中。

（3）加强设计内部的配合和协调，提高专业在设备资料方面提资的深度和全面性。

案例 3　润滑油回油管道挡板未拆造成油温升高

【案例描述】

某工程 2 号调相机公用油系统油循环期间发现油温持续升高，无法下降。对整体系统检查发现开式循环冷却水与 2 号调相机润滑油冷却水接口处存在挡板未拆除。将挡板拆除后，油温下降，油循环顺利进行。

【案例分析】

班组人员在对开式循环冷却水与 2 号调相机润滑油冷却水接口处安装时临时加装了挡板，安装完成后未及时将挡板进行拆除，导致开式循环冷却水无法进入润滑油装置内对润滑油进行冷却，引起油温持续升高无法下降。

【指导意见/参考做法】

1. 整改情况

将开式循环冷却水与 2 号调相机润滑油冷却水接口处安装时临时加装挡板进行拆除，同时对所有开式循环冷却水与润滑油箱接口进行检查确认。

2. 施工方面

（1）需加强对班组的质量控制意识，临时措施安装需要建立台账，并有专人进行管控，在管道安装完成后需对过程中采用的临时措施进行及时拆除。

（2）在进行系统调试之前需对所有涉及的管道进行整体检查，确认无问题后方可进行调试工作。

案例 4 阀冷管道穿墙处无保护套管

【案例描述】

某换流站工程监理巡视检查极 2 阀冷设备间阀冷管道安装过程时，发现阀冷设备厂家提供的极 2A 套阀冷管道穿墙处无保护套管，如图 9-4-1 所示，违反《直流公司换流站工程电气标准工艺（2019 年）》中 010209040，换流阀外冷却系统安装穿墙及过楼板的管道，应加套管进行保护，所加套管应符合设计规定。当设计无要求时，穿墙套管长度不应小于墙厚，穿楼板套管宜高出楼面或地面 50mm。管道与套管的空隙应按设计要求填塞。当设计无明确要求时，应用阻燃软质材料。

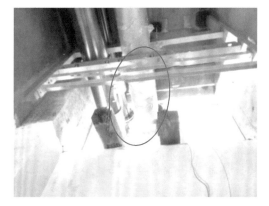

图 9-4-1 阀冷管道与室外管道对接穿墙实景图

【案例分析】

1. 设备方面

（1）设备厂家设计人员对相关规范、标准工艺学习不到位，导致图纸设计阶段未考虑到阀冷管道穿墙位置加保护套管。

（2）阀冷管道到达施工现场后，设备厂家现场服务人员能力不足，安装过程未能及时发现问题。

2. 设计方面

设计单位对设备厂家提供的图纸审核不严，未及时发现问题。

【指导意见/参考做法】

1. 整改情况

现场要求管道安装暂停施工，设备厂家按要求提供保护套，保护套验收合同后，完成后续施工。

2. 设计方面

（1）在后续工程阀冷设计联络会时，建议设计单位向厂家明确加装保护套的要求，监造及出厂验收时应重点检查此项。

（2）在后续工程中阀冷图纸会审时重点审查图纸上是否有保护套管的设计。

案例 5　阀塔与变压器套管连接金具放电

【案例描述】

某换流站工程第一次带电调试时，发现极 1 低端阀厅内阀塔与变压器套管连接管母中间的均压球内部有放电现象。

图 9-5-1　连接金具与均压球之间增加等电位线

【案例分析】

厂家设计人员未考虑此部位会出现非等电位情况，未设计等电位线。

【指导意见/参考做法】

1. 整改情况

停电消缺阶段，在连接金具与均压球之间增加等电位线，如图 9-5-1 所示。

2. 施工方面

安装设备过程中，应对不同导体连接处增加等电位线，防止产生放电现象。

案例 6　阀冷系统风机振荡性投切

【案例描述】

某换流站工程在进行"极 2 低端换流器大功率（正送）"试验时，当功率升至 2100MW 时，阀冷系统 4 组变频风机运行，随着环境温度下降，阀冷系统依次退出 3 组风机，导致进阀水温骤然升高，所有风机及外水冷均启动，随后温度骤降导致外水冷所有风机均快速切除，后连续几次重复上述过程，形成振荡性投切。现场及时将变频风机打到手动控制，强投 3 组风机保持运行后，进阀水温稳定。

【案例分析】

（1）冷却塔风机应急启动设置定值偏低，应急风机启动很短时间内，温度骤降导致风机停止。

（2）风机采用快启慢切，但停止延时时间不够。

【指导意见/参考做法】

1. 整改情况

对阀冷系统控制逻辑进行了修改：

（1）将风机停止延时时间由 1min 改为 3min。

（2）将冷却塔风机应急启动定值从 41℃提高至 46℃，防止温度陡降。

（3）取消喷淋泵和空冷器风机的应急停机逻辑，防止温度陡升。

2. 设计方面

结合设备运行情况，多方面考虑设备运行状态，合理设计风机设备的启停逻辑。

【指导意见/参考做法】

第十章　其他一次设备

案例 1　GIS 隔离开关未正常分闸

【案例描述】

某换流站在调试期间，在两组断路器（50321、50411）刀闸进行分闸操作时，远方监测到三相不一致的情况。

【案例分析】

（1）50321 刀闸机械离合器拐臂挑出，导致拐臂无齿部分与位置识别板齿轮卡滞，位置识别板复归不良。

（2）50411 刀闸机构离合器位置识别板动作部位处润滑脂涂抹不足，导致离合器复归不良。

【指导意见/参考做法】

1. 整改情况

打开机构盖板观察机构以下位置：

（1）目测离合器处拐臂安装位置处的弹垫是否压平螺母是否拧紧。

（2）目测位置识别板上的齿条处、双螺旋离合器套处、复位弹簧处润滑脂涂抹是否良好。

（3）检查固定拐臂的螺栓弹垫紧固是否压平，识别紧固螺母力矩紧固画线是否移位，可用力矩扳手复检。

（4）位置识别板上的齿条处、双螺旋离合器套处、复位弹簧处润滑脂涂抹是否均匀、适量，进行适量涂抹润滑脂。

2. 设备方面

加强对厂家的质量品控要求，并在以后 GIS 调试前，由机构供应商安排专业人员全面排查所有机构，且由于在调试过程中，操作频繁，调试结束后应再次排查所有机构。

案例 2　阀厅穿墙套管接地引下线外露

【案例描述】

某换流站工程阀厅 400kV 和 150kV 穿墙套管本体接地引下线在阀厅外侧，沿墙面引下穿越阀厅墙面后接至阀厅室内接地干线，如图 10-2-1 所示，影响美观。

【案例分析】

阀厅 400kV 和 150kV 穿墙套管本体接地孔设置于穿墙套管的法兰盘上，套管安装就位后位于阀厅外侧，该接地引下线接至阀厅室内地面接地干线上，因此该处接地线需穿越阀厅墙面。设计在提资时未考虑到此情况，导致接地线外露，影响美观。

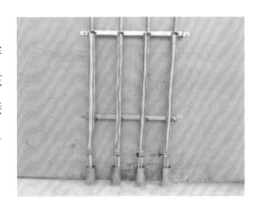

图 10-2-1 穿墙套管本体接地引下线

【指导意见/参考做法】

1. 整改情况

阀厅 400kV 和 150kV 穿墙套管接地线与套管 SF$_6$ 监测箱气管共用孔穿墙进阀厅，外露的接地线位置由压型钢板厂家进行包裹。

2. 设计方面

设计单位在穿墙套管安装板提资时增加接地线的穿越孔，接地引下线从该孔穿墙进入阀厅，引接至阀厅室内接地干线。

案例 3 站用 220V 直流系统绝缘低

【案例描述】

某换流站工程 52 继电保护室 A 段和 B 段直流系统绝缘监视装置显示正负母线对地绝缘电阻偏低，A 段直流正负母线对地绝缘电阻为 75kΩ，B 段正负母线对地绝缘电阻为 105kΩ，没有达到监视的最高电阻 999.9kΩ，但是每个支路绝缘监视都满足要求，达到监视装置显示的最大值 999.9kΩ。

【案例分析】

（1）绝缘监视装置采用"检测桥电阻（不平衡桥）"方法进行母线接地电阻测量，当测量直流系统正负母线对地绝缘电阻时，通过检测桥上的开关器件导通或者断开，使桥臂上的电阻接入或者退出直流系统，导致正负母线对地电压产生波动。此方法是检测母线对地电阻最准确的方法，原理示意图如图 10-3-1 所示。

（2）采用外接绝缘检查装置测试各支路对地绝缘与本系统自带装置检查结果比对，经比对两者的检查结果一致，排除直流系统监视装置故障，监视装置反映出的绝缘问题即为真实现象。

（3）对直流屏出线支路、信号回路

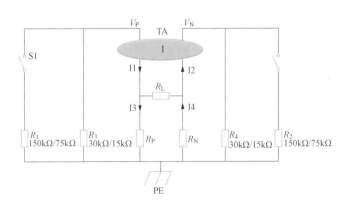

图 10-3-1 绝缘监视装置原理示意图

注 ①V_P、V_N 分别为母线正对地电压和母线负对地电压；
　　②R_L 为负载，R_P、R_N 分别为正、负对地电阻；
　　③TA 为直流电流传感器。

用 1000V 摇表进行绝缘电阻测试，每个芯线的对地绝缘都大于 10MΩ，都满足国标要求，排除外部回路绝缘不好导致绝缘偏低问题。

（4）第五大组和第六大组母线支路气室报警回路检查，当隔离第五大组和第六大组母线支路气室报警回路时，直流系统绝缘监视装置测得绝缘电阻明显上升至 400kΩ 左右，这说明这几个气室报警回路明显拉低整个直流系统的绝缘强度。与图纸核实，该报警回路的电缆大约 800m 的长度，回路隔离后单独测试对地绝缘电阻，能够满足国标要求，但是大大低于其他回路的绝缘强度，达不到 999kΩ，而且还具有较强的容升效应。第一至六大组管母线分别有 15、21、40、46、54、66 个气室，共计 242 个气室，且每个气室 1 根告警信号电缆，存在两套直流系统共用一根电缆情况。据调研，其他换流站工程也存在因 500kV 滤波器大组管母线 SF_6 告警信号过多导致绝缘能力降低的问题。

（5）两套直流系统经高阻互窜情况，断开其中一套直流，测试其直流电压，测试结果为容升电压，用 1000kV 摇表测试对地绝缘电阻，每个回路的测试结果与两套都断电的时候测试一致，说明没有高阻互窜存在。

综合以上分析，直流系统的绝缘监视装置、设计和施工回路、每个回路的绝缘电阻都没有问题，每个支路的绝缘监视都显示都是最大值。母线的绝缘电阻为每个支路电阻的并联的等效电阻，根据并联电阻的原理，多个电阻并联在一起时，总阻值是越并越小，远远小于每个支路的电阻值。

本套直流系统有 51 继电保护室、52 继电保护室、53 继电保护室共用，完工后查询两套直流馈线数量：A 段直流馈线 756 支路，B 段直流馈线 600 支路，由于是换流站有大量的信号回路，部分信号电缆长度较长，具有明显拉低绝缘的情况。本装置能检测到支路 200kΩ 以内的接地回路及接地电阻，但是本系统的支路电阻都达到监视装置的最大值，因此没有支路绝缘报警出线。本直流系统母线绝缘偏低的原因就是馈线支路太多导致，导致母线对地等效电阻降低。

【指导意见/参考做法】

根据以往换流站设计实例，51 继电保护室、52 继电保护室、53 继电保护室不会共用一个直流系统，一般是 51 继电保护室是主要存放交流场的二次设备，单独设计一个直流系统；52 继电保护室和 53 继电保护室共用一个直流系统，主要存放交滤场和站用电系统的二次设备，把一个庞大的系统一分为二，合理分配馈线数量，就能避免该问题的发生。

案例 4 站用电系统 400V 开关越级跳闸问题

【案例描述】

某工程 52 小室交流电源 A、B 套电源，均从站公用 400V 引出，52 小室交流分电屏开关未动作，站公用 400V 52 小室 I 段电源开关动作后，双电源切换（ATS）启动，切换到 II 段电源，随后 II 段电源开关动作。

【案例分析】

根据设计院主要设计原则：全站的 380V 站用电系统采取低压交流接零配电（tn‐c‐s）系统，

即与 10kV/380V 站用变压器的 380V 母线直接相连的中央屏（放置于主控楼、辅控楼、公用配电室内的专门的 380V 配电室内）采取三相四线制（tn-c）系统；中央屏的下级的分电屏与配电箱（放置于各继电器小室、GIS 室、综合楼、水泵房等靠近负荷处）均采取三相五线制（tn-s）系统。开关柜接线图公用室 400V 开关柜内开关设置了接地保护，部分开关未设置接地保护；各小室分电屏均未设置接地保护系统。

经现场查看跳闸开关，读取开关厂家数据显示动作原因为接地故障动作；因分电屏未配置接地保护，故经公用 400V 开关柜接地保护开关动作跳闸。开关柜接地保护动作定值设定为额定电流 0.2 倍，现场更改至 0.6 倍后运行，未发生动作。

【指导意见/参考做法】

1. 整改情况

目前 400V 公用室带接地保护开关已经按照检修单位提供最新的定制单重新设置定值，将接地保护动作定值修改后，无越级跳闸现象。

2. 设计方面

400V 公用柜配电屏所有开关取消接地保护，分电屏增加接地保护。

案例 5 阀厅的阀避雷器吊点偏差问题

【案例描述】

某换流站工程极 2 高端阀厅安装期间发现阀 6 脉桥桥臂避雷器连接金具过短，导致避雷器与管母无法连接。

【案例分析】

通过对比金具图纸，发现现场金具与金具生产图完全吻合，推断问题出在避雷器安装位置上，通过核对极 1、极 2 两个高端阀厅避雷器吊点图，发现两个厅吊点安装位置不一致，对比设备安装图，最终确认问题为极 2 高端阀厅阀 6 脉桥桥臂避雷器钢结构吊点安装位置错误。

【指导意见/参考做法】

1. 整改情况

根据现有安装尺寸重新制作连接金具。

2. 设计方面

土建施工图与电气施工图需进行核对，确保尺寸相匹配。

案例 6 直流场双极区及融冰区接地开关辅助节点共用

【案例描述】

某换流站工程直流场双极区开关接地开关及融冰刀闸信号需供给极 1（A 套、B 套）接口柜、极 2（A 套、B 套）接口柜使用，每个信号共需 4 副节点，但现场实际只有 2 副节点。设计解决方案为极 1A 套接口柜与极 2A 套接口柜共用 1 副节点，极 1B 套接口柜与极 2B 套接口柜共用 1 副节点，极1、极2接口柜共用1路信号电源，但各屏使用各自的信号电源空开。当极1（极2）接口柜信号电源拉开后，其光耦两侧仍有压差，这将导致屏柜柜内信号电源监视信号无法发出，已发出的信号无法复归。

当极1（极2）接口柜信号电源拉开后，由于其信号公共端701和已闭合的信号线在机构箱存在并接，+110V电压会从极2（极1）返回来。对与未闭合信号节点并接线，其负电也会从有信号电源屏柜返至无信号电源屏柜，由于光耦分压，其电压不为−110V。

【案例分析】

以拉开极2接口柜信号电源空气开关，保持极1信号电源空气开关合上为例，示意图如图10-6-1所示。假设现场901信号为发起状态（极K1闭合），902信号为未发起状态（K2断开），此时极1的701为+110V，极1的N1为−110V，极2的701由于与极1的701并接而带+110V电位，极2的N2由于光耦D、C、B分220V电压而保持一个电位（根据分压情况确定），此时902信号线电位也不为−110V，其电位根据分压情况确定。

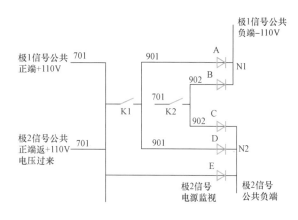

图10-6-1 柜信号电源空气开关状态图

现场实际测试极2的N2电位为−30V，致使极2信号电源监视光耦两侧电位为150V左右。根据厂家技术说明，开入板卡在开入电源的70%（154V）以上时，信号可靠发起，在开入电源50%（110V）以下时，信号可靠复归。此时电源监视光耦两侧电位无法确保低于110V而无法可靠发出，同时闭合节点的信号（电位与信号电源监视一样）也无法可靠复归。现场实际测试为信号不复归。

【指导意见/参考做法】

1. 整改情况

增加辅助节点或增加重动继电器。

2. 设计方面

在后续工程中，对于同类问题，设计方案中应采用增加辅助接点的方式，避免共用辅助节点。

案例7 避雷器放电计数器方向不便于运行维护

【案例描述】

某换流站工程直流场及交流滤波器场的部分围栏内避雷器放电计数器的方向朝围栏内，运维人员巡视时无法进入围栏内，无法观察放电计数器的泄漏电流和放电次数，不便于运行维护。

【案例分析】

施工图会检设计院、监理、施工单位现场实际经验不足或审查不深入，未有效审查避雷器放电计数器安装位置；在施工过程中，只是一味地按照施工图纸施工，施工经验不足，没有考虑围栏内避雷器放电计数器的方向，导致部分计数器朝向围栏内。

【指导意见/参考做法】

1. 整改情况

（1）更换避雷器放电计数器的位置，将避雷器放电计数器朝围栏内的调转方向，计数器显示面朝围栏外便于观察。

（2）重新做软连线，重新进行接地装置安装。

2. 设计方面

（1）施工图会检阶段考虑运维的方便，将放电计数器显示面朝向道路，方便运维人员查看。

（2）安装前，技术员以及施工人员均应熟读设计图纸，并注意显示设备的方向，及时与业主、监理、运行、设计院等单位提前进行沟通，避免出现返工问题。

案例 8 直流出线配合的问题

【案例描述】

某换流站工程直流极线出线采用单塔斜拉出线形式，对应的线路终端塔应位于斜拉出线方向，方可满足直流极线引线的带电距离和受力要求。而线路终端塔位于出线塔的正南侧，不能满足挂线要求，需要进行调整。

【案例分析】

施工图设计前期，换流站设计单位给直流线路设计单位提供了极线塔站区布置、定位、挂线方向和挂环尺寸等资料，线路设计单位未对上述提资进行确认和回复意见，导致站内外接口有偏差。

【指导意见/参考做法】

1. 整改情况

线路设计单位修改塔位。

2. 设计方面

站内外设计单位之间的配合除了要有正式的资料交换外，还应做到资料交换的闭合。

案例 9 GIS 检修平台与电缆沟冲突

【案例描述】

某换流站工程在安装 GIS 检修平台施工过程中发现，部分检修平台立柱、爬梯支撑脚与 GIS 分支电缆沟冲突，导致部分检修平台立柱、爬梯支撑脚在电缆沟活动盖板上，无法固定在设备基础上。

【案例分析】

（1）设计单位在设备提资过程中未与设备厂家开展深化设计，导致检修平台与电缆沟冲突。

（2）土建施工单位放线测量定位不准，电缆沟尺寸偏大（电缆沟宽大于设计 10cm 左右），间接影响部分检修平台安装。

【指导意见/参考做法】

1. 整改情况

检修平台立柱、爬梯固定脚部分固定在基础上。

2. 设计方面

（1）设计单位与厂家设计做好前期图纸对接，保证设备安装尺寸、检修平台安装尺寸、分支电缆沟尺寸合理。

（2）土建单位严格按照设计图纸进行电缆沟定位及施工，最大限度地减小误差。

案例10 低端阀厅内均压球放电

【案例描述】

某换流站工程低端阀厅试验阶段均压球放电。随后对异响大、有放电现象的均压球内部进行

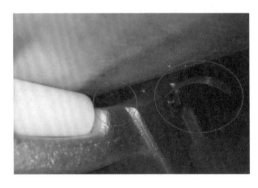

图 10-10-1 均压球内部实景图

检查时，发现等势片与管母间存在较大间隙，且等势片（铜片）材质偏薄，缺乏弹力，弯曲后很难恢复接触状态，继而不能导通良好，如图 10-10-1 所示。

【案例分析】

根据现场情况分析，现场出现非常规异响，是由于等势片未能与导电管母可靠接触，导致均压球和导电管母产生电位差使均压球失去均压作用，当电压升高到一定值时，由于空气游离就会发生放电，形成电晕，并发出嘶嘶声。

【指导意见/参考做法】

1. 整改情况

（1）对无法恢复的等势片使用可靠的等电位线连接导电管母与均压球，如图 10-10-2 所示。

（2）对存在轻微变形的进行恢复，同时检查阀厅内其他金具接头处等势片是否完好，如图 10-10-3所示。

图 10-10-2 加装可靠的等电位线

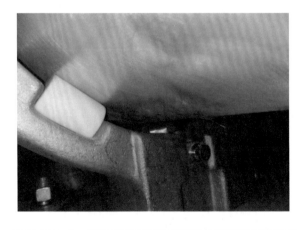

图 10-10-3 检查所有均压球内等势片恢复至正常状态

98

2. 设备方面

（1）建议金具厂家将该等势片更换为可靠的等电位线。

（2）设备到货验收阶段加强监理、施工单位质量检查，严格成本保护措施，安装完成后加强施工单位三级自检和监理初检工作。

案例 11　蓄电池室同组蓄电池未设防火防爆隔墙

【案例描述】

某换流站工程，主控楼通信蓄电池室内部设置有不同组蓄电池组之间的隔墙，但同组蓄电池组之间未设置防火防爆隔墙。

【案例分析】

主控楼通信蓄电池室通信直流电源系统按双重化冗余设计，两套系统独立配置，单套系统容量为－48V/500A/1000Ah，按 1 套高频开关电源设备（－48V/500A）和 2V/48 支免维护单体蓄电池（－48V/500Ah）考虑。由于相关标准并未对"蓄电池组"的计量方式有明确定义，现场同组蓄电池组之间未设置防火防爆隔墙。

【指导意见/参考做法】

1. 整改情况

为保障系统建设的安全可靠，通信专业改进原设计方案，同时增设同组蓄电池组防火防爆隔墙。该墙采用砌筑式，由构造柱、压顶梁及砖砌墙构成，从活动地板楼面起 2m 高。

2. 设计方面

后续特高压工程建议在同组蓄电池组之间增设防火防爆隔墙，以保证系统建设的安全可靠运行。

案例 12　保护电缆未考虑双重化设计

【案例描述】

某换流站工程交流滤波器场、换流变压器 TA、TV，从接线盒到 TA、TV 端子箱使用一根多芯控制电缆。

【案例分析】

最初设计从接线盒到 TA 端子箱使用一根多芯控制电缆，不同绕组采用不同线芯，从 TA 端子箱到保护屏使用两根（三根）控制电缆。

根据《继电保护和安全自动装置技术规程》（GB/T 14285—2006）6.1.8 条：控制电缆宜采用多芯电缆，应尽可能减少电缆根数。在同一根电缆中不宜有不同安装单位的电缆芯。对双重化保护的电流回路、电压回路、直流电源回路、双跳闸绕组的控制回路等，两套系统不应合用一根多芯电缆。

【指导意见/参考做法】

1. 整改情况

对于双重化（三重化）保护的 TA，每台 TA 增加 1 根（2 根）控制电缆至接线盒，将第二套

（第二、第三套）保护用 TA 分缆接线。每台 TV 增加 2 根（3 根）控制电缆，分别将开口三角、第二套（第二、第三套）保护用 TV 绕组分缆接线。

2. 设计方面

从 TA、TV 接线盒到端子箱再到控制保护屏，严格按照双套（三套）保护进行分缆，保证双套（三套）保护电缆全程独立。

案例 13　GIL 分支母线未考虑抱箍闭合回路发热问题

【案例描述】

某换流站工程，分支母线感应电流导致支撑架形成涡流闭合回路而产生发热现象。

【案例分析】

由于 GIL 分支母线抱箍未采用不锈钢或者断开回路，导致闭合回路发热。

【指导意见/参考做法】

1. 整改情况

（1）分支母线三相竖直支撑架采用热镀锌门型框架，通过螺柱连接 V 形托架支撑母线，另有抱箍起到空间限位作用。壳体抱箍上有防护套，V 形托架与壳体之间也设有专用绝缘垫板（材质为特氟隆），能有效阻断壳体上感应电流流过支撑架；V 形架与横梁支架间设有空隙，也可阻隔感应电磁，避免碳钢支架形成磁回路产生涡流。

（2）支架外表面采用热镀锌处理，热镀锌工艺有较强的防腐、防锈功能，且可弱化碳钢的导磁性，进一步减少支架涡流的产生。

（3）母线壳体采用多处接地点方式，每处支架均有单独接地，支架产生的感应电压可汇入地网，起到保护作用。

2. 设备方面

建议后续工程抱箍螺栓连接处设置绝缘垫片，并在设备招标阶段明确此要求。

案例 14　阀厅侧墙接地开关埋管数量不足

【案例描述】

某换流站工程阀厅网侧套管下方布置有侧墙式接地开关，其中 A、C 相地刀电缆需汇集到 B 相机构箱后，再进入控制室。因 B 相地刀电缆较多，机构箱下方设计埋管数量不足。

【案例分析】

设计埋管时仅考虑埋管数量与接地开关机构箱下方开孔数量匹配，未考虑到 A、B、C 三相联动问题。

【指导意见/参考做法】

1. 整改情况

现场发现 B 相地刀下方埋管不足时，阀厅地面已完成，无法增加埋管。阀厅接地开关沿墙布置，现场沿墙增加地面槽盒，为侧墙接地开关电缆提供敷设通道。B 相接地开关的机构箱底板现场扩孔，以满足 A、C 相地刀电缆进入。

2. 设计方面

对于三相设备，如有联动要求，需在汇集相适当增加电缆埋管数量，避免发生电缆通道不足的问题。

案例 15　降压变压器铁芯、夹件分别与本体串联接地问题

【案例描述】

某换流站工程监理人员巡视检查发现降压变铁芯、夹件接地分别与本体串联（见图 10 - 15 -

1），不满足《电气装置安装工程接地装置施工及验收规范》（GB 50169—2016）4.2.9：电气装置的接地必须单独与接地母线或接地网相连接，严禁在一条接地线中串接两个及两个以上需要接地的电气装置。

【案例分析】

施工前施工项目部技术交底不到位；施工过程项目部技术及质检员现场自查不到位，未能及时发现问题。

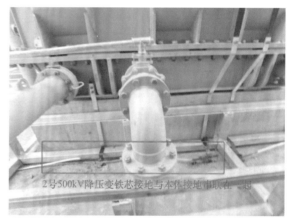

图 10 - 15 - 1　降压变铁芯、夹件接地分别与本体串联

【指导意见/参考做法】

后续工程，施工单位在开展变压器接地施工前，应做好技术交底，加强过程自查力度，避免问题再次出现。

案例 16　吊车吊臂折断、吊件坠落

【案例描述】

某扩建工程采用 260t 吊车（使用年限 3 年）吊装 1000kV 构架横梁（重量 28t）时，由于吊臂折断导致横梁坠落。因吊装区域隔离工作到位，未造成人员伤亡。

【案例分析】

（1）吊车吊臂从顶端数起第二节存在约 10cm 长的金属缺陷（机械损伤），吊装作业时发生折断。

（2）吊车进场前，施工、监理进场检验时进行了资料核查和外观检查，检查时未发现吊臂缺陷。

（3）吊装时，未按照要求进行试吊，导致未及时发现吊臂存在缺陷。

【指导意见/参考做法】

1. 管理方面

规范开展吊车进场检验，包括资料核查和外观检查，对于使用年限较长的吊车，应加强对吊臂、支腿等关键部位的检查。

2. 施工方面

（1）吊装作业除严格执行"十不吊"外，每班次作业前应进行试吊，试吊高度不应超过0.2m。吊车吊装作业时，吊重宜按照80%载荷进行控制。

（2）严格落实吊装区域清场、隔离措施，吊物、吊臂下方严禁人员通过和停留。

案例 17　直流场极隔离刀闸分合时间不满足要求

【案例描述】

直流控制保护开关失灵控制逻辑（NBSF）要求极隔离刀闸分合时间在10s内，现场实测其分合时间为12s左右，不满足控保要求。

【案例分析】

直流场极隔离刀闸在设备采购时未明确分合时间要求，现场刀闸试验时未对4把极隔离刀闸做分合时间测试。

【指导意见/参考做法】

1. 整改情况

现场接线采集信号点是行程开关，在机构行程的百分之百位置取分、合闸信号。

现场解决方案为从辅助开关取信号，将采集行程开关的信号移到辅助开关上，辅助开关是在机构行程的80%位置切换，采集信号的时间小于行程开关处采集信号的时间。更改后时间变为9.6s，满足控保要求。

2. 设计方面

设计单位应在设备采购规范书中明确刀闸分合时间要求，二次系统设计时应对相关内容核对，现场开展分系统调试需进行实测。

案例 18　电抗器双中性点连线构成环路导致发热

【案例描述】

某变电站新建工程系统调试期间，发现110kV电抗器中性点连线出现局部发热现象。该110kV电抗器中性点连线采用双根中性点接线的形式。

【案例分析】

110kV电抗器漏磁较大，采用双中性点连线时，两根导线构成了环路，导致其中出现环流损耗。

【指导意见/参考做法】

1. 整改情况

将双中性点连线调整为单根连线后，发热现象消失。

2. 设计方面

110kV电抗器中性点连线设计应采用管母线或单线三相连接方式，避免构成环路导致发热。

案例 19　全站噪声测算未考虑 GIS 厂房风机噪声影响

【案例描述】

根据国网（西安）环保技术中心有限公司出具的《某换流站夜间噪声超标点声源定位及贡献度分析》报告，该换流站夜间噪声超标点声源定位为换流站站北侧厂界。

经过对比 500kV GIS 室北侧强制排风口测点，风机开机、关机时噪声监测结果如表 10-19-1、表 10-19-2 所示。

表 10-19-1　　　　　　　　　　　　　风机开机时噪声监测结果

测点位置	1	2	3	4	5	6	7
数值	90.9	91.6	89.9	90.5	90.6	90.4	90.8
测点位置	8	9	10	11	12	13	14
数值	91.0	90.7	91.2	90.7	91.3	90.7	90.9
测点位置	15	16	17	18	19	20	21
数值	91.1	65.2	63.9	68.5	72.5	91.1	91.0
测点位置	22	23	24	25	26	27	28
数值	91.1	91.7	90.6	91.3	91.1	90.5	91.0
测点位置	29	30	31	32	33	34	
数值	90.6	90.5	91.0	91.2	91.4	91.1	

表 10-19-2　　　　　　　　　　　　　风机关机时噪声监测结果

测点位置	1	2	3	4	5	6	7
数值	49.8	51.9	51.6	51.1	52.2	52.9	52.0
测点位置	8	9	10	11	12	13	14
数值	52.4	50.8	51.7	51.1	50.3	46.5	47.0
测点位置	15	16	17	18	19	20	21
数值	46.8	47.0	47.8	51.4	71.2	51.7	48.6
测点位置	22	23	24	25	26	27	28
数值	46.3	47.0	45.3	44.8	43.3	43.8	44.9
测点位置	29	30	31	32	33	34	
数值	42.7	44.0	44.5	42.9	42.3	42.4	

由以上 2 个表可以看出，风机开时贡献最大的噪声差值不大于 50dB（A）。

【案例分析】

由于 GIS 厂房采用的六氟化硫电气设备，六氟化硫电气设备内因电弧产生的有毒有害气体，现行国家标准《六氟化硫电气设备中气体管理和检测导则》（GB 8905）和电力行业标准《六氟化硫电气设备运行、试验及检修人员安全防护细则》（DL/T 639）中相关规定要求：设备安装室和六氟化硫气体实验室通风量应保证在 15min 内换气一次。抽风口应设在室内下部；工作人员不准单独和随意进入设备安装室，进入前，应先通风 15～20min。

由于 GIS 厂房总长较长，大约 257m，内部配电设施较多，厂房底部每隔一定间距必须设置强排风机，保证室内换气大于 4 次/h，排风不出现死角，将有毒气体排到远离站内方向，排风口应设置在人员较少的靠隔音侧墙处。由此导致风机全开时，GIS 北侧厂界噪声超标，平均增加 7.1dB（A）。

【指导意见/参考做法】

（1）后续工程初步设计阶段，在进行全站噪声预测计算时，应充分考虑 GIS 厂房风机全开时对于厂界的贡献值，保证厂界的多种噪声源（交流滤波器场全部运行时的最大工况）叠加时，厂界达标。

（2）如果仅仅由于风机全开引起厂界超标，请设计单位在进行全站噪声预测计算时，给出各处噪声值的控制指标（包含风机、交流滤波器场设备等噪声源），以便在编制设备招标文件时注明声压级和升功率级限值，确保出厂设备满足招标文件要求。

（3）如果厂家在提供最低控制限值，仍然不能确保厂界达标，应在初步设计阶段，根据全站噪声预测结果，提前要求设备厂家采取降噪措施，例如在交流滤波器设备上设置隔声罩，采用低噪声风机或设置消音装置，相应需要增加投资。

案例 20　直流穿墙套管新型防震阻尼器安装问题

【案例描述】

双极高端 800kV 穿墙套管牛腿支架由土建施工单位组装并已完成吊装，经现场实际测量，Z 形牛腿支架存在水平及竖向偏差。现场实测数据显示：极 1 高端阀厅穿墙套管支架上弦存在 4mm 间隙，下弦存在 1mm 间隙；极 2 高端阀厅穿墙套管支架上下弦预留阻尼装置的空间均少了 15mm。阻尼装置桁架与牛腿支架现场无法顺利连接。

两极高端阀厅阻尼装置与压型钢板内墙板碰撞。按原设计阻尼器连接板实际将直接插入墙板。由于阀厅压型钢板已封闭，因此需重新调整阻尼装置位置。

【案例分析】

（1）从施工顺序和安装过程分析，厂家设计的套管阻尼桁架跨度未能与阀厅钢柱牛腿支架直接连接是根本原因。

（2）厂家设计的套管阻尼桁架跨度太小，且供货太晚无法地面安装，导致设计和施工单位必须采用适应小跨度的阻尼桁架四点高空螺栓连接。

【指导意见/参考做法】

1. 整改情况

两端Z形牛腿支架拆下，弦杆根部端板切除，切割后将弦杆打磨平整并消除误差后，与弦杆根部端板焊接。焊接后两端Z形牛腿支架在地面与阻尼装置整体组装并复测组装后实测数据。套管支架整体往阀厅内侧移动100mm，整体起吊就位，将原螺栓连接改为现场焊接与柱边端板连接，并在弦杆根部增加加劲肋加固，所有焊缝质量等级要求外观二级，所有板件破损处防腐做法同主体结构，整改后安装示意图如图10-20-1所示。

图10-20-1 高端阀厅阻尼装置与压型钢板改进后安装示意图

2. 设计方面

工程对于套管支架端板连接，图纸及交底时重点强调安装顺序；端板连接应在柱边设置调节板，现场焊接，以便消除安装误差；建筑专业涉及电气设备的节点图应准确示意设备尺寸及位置，以便核对碰撞。

案例21 直流穿墙套管法兰面SF$_6$气体泄漏

【案例描述】

施工单位试验人员在监理和运行人员的现场见证下，持便携式SF$_6$气体检漏仪对已经进行局部包扎24h后的18根直流穿墙套管户外侧伞裙、户外侧法兰、表计、阀厅侧法兰、阀厅侧伞裙5个部位进行SF$_6$气体检漏试验，检测发现7根直流穿墙套管SF$_6$气体检漏不合格，同时通过不包扎查漏找出2根直流穿墙套管阀厅侧法兰的明显泄漏点。

【案例分析】

套管经过长途运输导致法兰面螺丝松动，厂家现场技术指导人员未进行法兰面螺丝力矩复测、紧固。

【指导意见/参考做法】

由套管厂家组织完成所有套管法兰面螺丝力矩复测、紧固以及更换漏气表计后，由中国电科院和施工单位试验人员用便携式SF$_6$气体检漏仪对已经进行局部包扎24h后的18根直流穿墙套管户外侧法兰、表计、阀厅侧法兰以及7根疑似漏气套管的伞裙进行SF$_6$气体检漏试验，检测结果全部合格。

【指导意见/参考做法】

（1）套管安装前应由厂家现场技术指导人员进行法兰面螺丝力矩复测、紧固，并通知监理现场见证。

（2）套管充气情况一定详细记录，并交施工单位留档备查。

案例 22 阀厅穿墙套管伞裙安全距离不足

【案例描述】

某换流站阀厅进线交流侧安装 12 只穿墙套管，直流出线侧安装 6 只穿墙套管（其中本期安装 4 只、远期安装 2 只），原安装方案如图 10-22-1 所示。

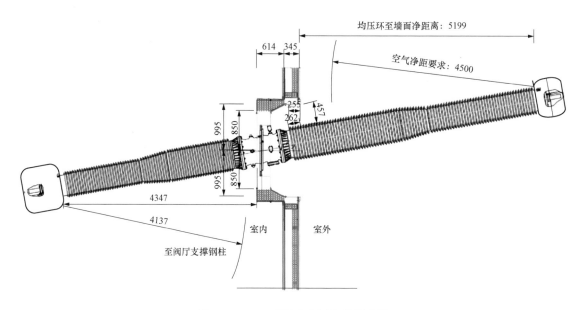

图 10-22-1 穿墙套管原安装示意图

设备到场后，交流套管设备厂家提出，套管墙外伞群部分落入墙面内，影响套管端部场强分布，可能带来安全隐患。

【案例分析】

柔直阀厅跨度大、钢柱多，且套管数量众多，套管内侧对钢柱距离紧张。为保证套管带电距离，丰宁套管安装板位置靠向户内侧。

（1）前期设计阶段，为保证套管户内部门对钢柱的带电距离，将安装板位置靠向户内侧布置，设计单位与套管厂家已确认布置位置及关键距离，厂家无意见。

（2）套管厂家在其他现场指导安装时，发现套管伞裙落入墙面，且由于套管安装孔洞较小，外墙面离套管伞裙很近，影响套管端部场强分布，在运行时（特别是雨天运行时），阀厅墙面外侧套管根部可能发生闪络，带来安全隐患，提出套管调整安装位置的要求。

【指导意见/参考做法】

1. 整改方案

经业主单位评审及套管厂家确认，将套管向阀厅外侧移动 200mm，以满足安全运行要求。外移方案为在原套管安装框架外侧新增加辅钢结构固定板，然后将套管重新安装在固定板上，达成外移 200mm，整改后安装示意图如图 10-22-2 所示。

2. 设计方面

穿墙套管布置设计时，需考虑墙面厚度，开孔大小对套管场强分布的影响，应避免伞裙部分

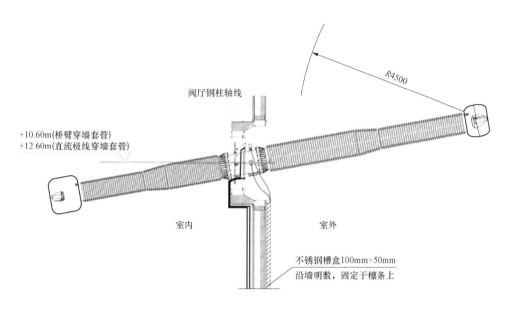

图 10-22-2　整改后安装示意图

落入墙面开孔内。

案例 23　蓄电池室共用通风管道

【案例描述】

主、辅控楼内蓄电池室原为一个房间，各组蓄电池之间的隔墙高度为 2.1m，因此蓄电池室设置了一套通风系统。建筑专业后期修改了进入蓄电池室的外门，并将蓄电池组之间的隔墙加高至楼板板底，这样蓄电池室变成了三间且共用送风管和排风管，运行人员认为通风设计不符合《国家电网公司防止变电站全停十六项措施》中 14.5.2 条 "蓄电池室应装有通风装置，通风道应单独设置" 的要求。

【案例分析】

《发电厂供暖通风与空气调节设计规范》（DL/T 5035—2016）中 6.2.2.5 条 "蓄电池室排风系统不应与其他通风系统合并设置，排风应排至室外"，本工程蓄电池室风管和其他房间的风管分开设置，未共用。

三个蓄电池室排风口距离顶板的距离小于 0.1m，由于氢气密度小于空气密度，氢气一般聚集在楼板顶部，在无动力状态下，并不会沿着风管向下扩散到其他的蓄电池室。

各个蓄电池室顶板处均设置有氢气浓度检测装置，任何一个蓄电池室内氢气浓度超标，均联锁打开共用的轴流风机排除室内泄漏的氢气。

基于上述原因，三个蓄电池的通风系统未做修改，仍然共用一条送风管和一条回风管。

【指导意见/参考做法】

蓄电池组间的隔墙不砌到板顶时，设置一套通风系统；各蓄电池室通过隔墙完全分开时，各蓄电池室独立设置通风系统。

案例 24 防雨罩短接避雷器检测器的问题

【案例描述】

某换流站工程交流带电调试期间，发现 500kV 交流出线 A 相避雷器、500kV 交流滤波器小组 B 相避雷器泄漏电流为零。经现场检查发现避雷器监测装置防雨罩与装置上接铜绞线鼻子接触，导致防雨罩短接避雷器在线监测装置后直接接地，如图 10‑24‑1 所示。

图 10‑24‑1 避雷器监测装置防雨罩实景图

【案例分析】

安装防雨罩过程中，未充分考虑泄漏电流问题，当防雨罩与铜绞线距离远时，起不到防雨效果，当防雨罩与铜绞线距离过近或接触时，则容易出现短接情况。

【指导意见/参考做法】

1. 整改情况

与运行沟通后，拆除防雨罩，作为备品备件移交于站上。

2. 施工方面

施工单位应做好防雨罩与避雷器检测装置铜绞线的隔离措施。

案例 25 双断口断路器放电故障

【案例描述】

A 变电站工程投运 7 年后，发现一台双断口断路器 B 相放电，断路器动作次数 467 次。

设备停电后，设备厂家在现场对该故障断路器进行开盖检查，发现屏蔽罩对罐体放电，该侧断口电阻触头脱落，螺栓掉落在罐体底部。2 颗电阻触头 M12×35 螺栓断裂、2 颗 M12×25 螺栓脱落，且螺栓螺纹处未涂锁紧剂。

B 变电站工程投运 5 年后，一台断路器 C 相合闸电阻及预投入时间结果异常，断路器动作次数 425 次。开盖检查后发现，一侧电阻动触头脱落，螺栓螺纹处未涂锁紧剂。

【案例分析】

（1）根据设备制造工艺的要求，应对断路器电阻触头固定螺母涂锁紧剂。生产人员责任心不强，未严格执行涂锁紧剂的相关规定；设备供应商质量管控不到位，出厂检查项目存在漏项，导致设备存在隐患。

（2）设备监造单位编制的监造大纲缺少针对性，未将锁紧剂纳入检查项目，现场监造人员检查不到位，未能及时发现该处质量隐患。

【改进建议/工作启示】

(1) 设备制造。设备供应商加强生产人员质量意识教育和生产工艺培训，完善质量检验项目，规范质量检验流程，确保设备无隐患移交。

(2) 设备监造。设备监造单位加强监造大纲的针对性，将防松胶纳入检查项目。

案例 26　GIL 滑动支架滑道移位、抱箍焊点开裂

【案例描述】

某变电站扩建工程，GIL 设置滑动支架抱箍 145 个，每个支架 8 处焊点，共计 1160 处焊点。投运后，GIL 滑动支架抱箍有 78 处焊点开裂，75 处焊点疑似开裂，2 处滑动支架滑道胶条位移，部分滑动支架抱箍螺栓变形。设备供应商研究后，认为上述问题暂不影响设备正常运行。

【案例分析】

(1) GIL 滑动支架底座与支架横担接触面不平、存在间隙，两侧滑动垫板受力不均，致使单侧滑动垫板局部受力过大，进而发生形变。支架发生形变后，滑动垫板无法正常工作，发生卡滞现象。

(2) 部分支架两侧挡板缝隙预留不均匀，单侧缝隙过小，设备运行过程中抱箍底板侧端面与挡板相互摩擦，产生卡滞现象。

(3) 支架发生卡滞后不能及时调整，造成支架轴向受力过大，最终导致抱箍焊缝开裂、滑动支架滑道胶条位移、滑动支架抱箍螺栓变形现象。

【指导意见/参考做法】

1. 整改情况

设备厂家更换焊点开裂的抱箍及变形螺栓；更换胶条位移的滑动支架；重新调整支架。

2. 设备方面

(1) 设备厂家应针对 GIL 母线热伸缩特性开展专项研究，优化 GIL 母线结构，降低热伸缩的幅度；合理设置伸缩节，降低热伸缩的影响；科学合理地确定伸缩节、固定及滑动支架的配置原则。

(2) 完善设备采购合同的技术条款，在招标文件中明确质量要求和技术指标。

案例 27　套管引接过渡连接端子变形

【案例描述】

现场安装联接变压器 66kV 低压套管引接线时，将其引接端子（厂家成套的过渡铜排转接）压弯变形，如图 10-27-1 所示。

【案例分析】

66kV 出线采用双根 NRLH60GJ-1440/120 导线，该跨导线长度约 5.8m，考虑 0.5m 弧垂后，计算得到设备端子拉力约 100kg。依据联接变压器设联会纪要，套管端子拉力要求值为 2000N。厂家供货铜排受力不满足招标要求值。

【指导意见/参考做法】

1. 整改情况

设备厂家对铜排采取了加强措施，如图 10-27-2 所示，在铜排与支撑绝缘子之间增加 16mm 厚的不锈钢板。

图 10-27-1 联接变压器 66kV 管引接过渡连接端子变形

图 10-27-2 铜排采取加强措施

2. 设计方面

（1）设计单位对设备端子拉力的控制值要考虑足够的裕度，在设联会及资料确认时注意明确设备端子拉力的要求值。

（2）优化导线选型（设备间连线可尽量选用多分裂铝绞线），选择适当的连接金具角度，避免连接软导线过短而使设备间成为刚性连接，以及金具连接板过长时校核力臂对端子的影响。

（3）对于软导线连接，建议在保证电气距离的前提下，在图纸中明确施工时应保证的最小弧垂。

案例 28 交流滤波器围栏内设备接地问题

【案例描述】

500kV 交流滤波场围栏内 35kV 避雷器底座固定螺栓规格为 M30，图纸设备接地通过底座螺栓用－40×5 铜排接地，按照《电气装置安装工程 母线装置施工及验收规范》（GB 50149—2010）母线规范要求，设备底座固定螺栓不能作为接地固定螺栓；围栏内中性点管母支柱绝缘子底座接地图纸显示通过底座螺栓接地；围栏内电流互感器底座设置了专用接地螺栓为 1 颗 M8 螺栓，螺栓规格、数量不符合要求。

【案例分析】

对于落地安装设备，若直接从安装螺栓通过接地线引至主接地网，安装螺栓处接地线与设备本体的接触面很小，存在接触面不能满足通流要求的可能。落地安装的电流互感器虽然本体上考虑了接地螺栓，但仅设置了 1 颗，通过接地线压接，存在接触面小，通流可能不满足要求。

【指导意见/参考做法】

1. 整改情况

经研究，设备底座与安装顶板通过多个螺栓紧密连接，接触面满足接地通流要求。

参照电容器设备接地方式，在交流滤波场围栏内避雷器、电流互感器、中性点管母支柱绝缘子底座支架顶板东西方向各开 2×φ16 孔，通过 2 颗 M14 螺栓固定−40×5 接地铜排的方式接地（见图 10-28-1）。电流互感器底座与支架之间再通过黄绿软铜线连接。

(a)　　　　　　　　　　　(b)

图 10-28-1　现场避雷器、电容器接地铜排接地

（a）避雷器接地铜排接地；（b）电容器接地铜排接地

2. 设计方面

对于落地安装的设备，当设备本体无接地端子或者接地端子设置不满足要求时，设备基础顶板应设置接地孔。同时，对于设备本体设有接地点时，厂家应采用接地板开双孔的方式，避免采用接地螺栓方式。

案例 29　GIS 开关设备辅助接点数量偏少

【案例描述】

GIS 开关设备的技术规范书中要求厂家除去自身使用的位置接点外，应提供 10 幅常开接点和 10 幅常闭接点。GIS 厂家按照技术规范书要求提供了相应数量的辅助接点。

但是由于站内有交流场测控系统、联接变压器测控系统、交流场故障录波系统、联接变压器故障录波系统、交流断面失电监测系统、安稳系统以及联接变压器消防喷淋系统需要取 GIS 开关的位置信号，且站内测控、交流断面失电监测和安稳屏为双套系统，导致 10 幅开关辅助接点不能同时满足上述系统的接入需求。

【指导意见/参考做法】

1. 整改情况

由于站内各故障录波器是组网的，后台工作站能显示各录波器的接入量，因此和运行单位沟通，只保留了交流场故障录波装置中的开关位置录波量，取消了联接变压器故障录波系统对开关位置接点的接入。

2. 设计方面

随着站内各二次系统对开关位置接点日益增多的需求，建议后续工程在设备规范书中要求厂家提供更多的辅助接点位置。

案例 30 吊装操作不当造成设备损坏

【案例描述】

某变电站新建工程拆除高压出线装置时，设备厂家操作不当，出线装置挤压本体侧绝缘件（高压出线方角环）并造成受损。

【案例分析】

设备厂家对于设备吊装的经验较为丰富，但缺少设备拆卸的经验。设备厂家组织设备拆卸时，现场负责人经验不足，吊车操作人员操作不当，出线装置退出本体时摆动过大，冲击挤压本体侧绝缘件，造成设备损坏。

【指导意见/参考做法】

1. 施工方面

（1）设备拆卸前，设备厂家应根据设备结构和现场情况，制定设备拆卸作业指导书。

（2）现场负责人和吊车操作人员应具备相应能力，具有设备拆卸的经验。设备厂家的公司级主管部门应现场把关。

2. 管理方面

监理单位应加强对设备厂家在站内的施工作业管控，应按照站内相关管理制度参照执行。

案例 31 GIS 分支母线内部异物

【案例描述】

某工程 GIS ACF2 分支母线对接时，监理人员发现 ACF2 7B 相筒壁存在不明黑色物质，随后要求将该段分支母线导体拔出检查，发现触指内壁存在不明黑色、银色颗粒堆积（见图 10 - 31 - 1），该母线导体触头局部还存在明显磨损（见图 10 - 31 - 2），不满足《国家电网有限公司十八项电网重大反事故措施》中 12.2.1.13、12.2.2.4 的要求。

图 10 - 31 - 1 ACF2 7B 相导体内壁不明黑色、银色颗粒堆积　图 10 - 31 - 2 ACF2 7B 相导体触头明显磨损

【案例分析】

分支母线运输时封盖不匹配。运输时,导体与封盖凹槽底部应保证合理的间隙(厂家通过试验确定)。通过测量发现,现场的封盖凹槽过深,导致导体与封盖凹槽间隙过大,在运输过程中,导体发生水平方向移动。长母线分为两段,中间触头与触指连接部位因前后移动摩擦,导致金属碎屑产生。

【指导意见/参考做法】

1. 整改情况

GIS厂家对存在异物的分支母线全部返厂处理,监理部安排专人跟踪进度,处理进站后监理组织逐个验收,未发现异物,后续耐压试验及送电运行正常。

2. 设备方面

后续工程中,GIS厂家应严把设备运输方案审查关,设备安装时严格按现行规范要求进行检查,避免此类问题再次出现。

案例 32 监造已发现的问题未整改到位

【案例描述】

某扩建工程试运行期间,高抗顶部油管焊缝发生漏油,具体部位是$\phi 25$支管根部与$\phi 80$主管路焊接处。经查,监造单位在厂内开展高抗监造时,曾在该处发现焊接质量问题,但厂家未严格闭环整改,监造单位也未将相应信息通报建设管理单位。

【案例分析】

1. 监造方面

监造过程中,发现此处焊接存在质量问题,已要求整改,但厂家未彻底整改,监造人员未确认整改质量。同时,监造单位未将问题及处理情况通报建设管理单位。

2. 管理方面

高压电抗器进场后,监理项目部组织业主、施工、物资项目部和设备厂家开展设备材料进场验收。由于未获得监造阶段的故障信息,没有采用可靠的仪器对焊缝进行重点检查,未能发现该处焊接缺陷。

【指导意见/参考做法】

(1)加强设备生产监造和现场建设的信息沟通。设备监造过程中发现存在质量问题后,应及时通报建设管理单位。

(2)设备到货后,监理项目部应组织开展进场验收,确认合格后方可进场。必要时,进场验收应邀请监造单位和运检单位参加。

(3)抓实抓细设备材料进场验收,必要时应采用仪器对三通接头焊缝进行PT探伤检测。

案例33 柔性直流工程单元1和单元2分列运行高频谐波振荡问题

【案例描述】

某柔性直流工程单元1和单元2处于解锁状态，在进行断面失电试验，拉开交流串中开关5012和5022时，出现13次高频谐波振荡，导致保护跳闸。

【案例分析】

经过对系统和柔直的阻抗特性扫描，发现在700Hz频点上送端交流系统与柔直的幅频特性上阻抗相交，且在相频特性上的相角差大于180°，形成谐振。

【指导意见/参考做法】

增加防止渝侧两个单元分列运行的逻辑，避免交流系统与柔直形成谐振。

案例34 焊接质量问题导致站用变压器漏油

【案例描述】

某变电站新建工程站用变压器安装及单体试验后，发现变压器人孔盖上四处螺孔处漏油。

经查，设备厂家出厂前进行气密试验时，压力值不满足规范要求，继而发现焊接点存在质量缺陷（夹砂、砂眼）。因而，设备厂家对存在质量缺陷的部位进行了补焊处理，但未对补焊情况进行复查，且未重新进行气密试验，导致存在质量缺陷的设备进入下道工序。

【案例分析】

1. 设备方面

（1）设备厂家进行补焊处理时，质量管控不到位。焊接作业人员操作不规范，质量检查人员检查不到位，导致该焊接缺陷未彻底整改。

（2）设备厂家在第一次气密试验不合格后，未组织进行第二次气密试验，未能最终确认设备质量。

2. 管理方面

站用变进场后，监理项目部组织进场验收流于形式，不掌握设备制造过程出现的质量问题，未认真检查气密试验报告（压力值不合格），没有采取可靠的仪器对焊缝进行重点检查，导致未能及时发现焊接质量缺陷。

【指导意见/参考做法】

1. 设备方面

（1）设备厂家应加强质量管控，对于补焊处理后的部位，应采用仪器对焊缝进行电压互感器探伤检测。

（2）变压器等设备出厂前，设备供应商应进行整体密封检测。设备出厂试验时，当发现某项试验项目不合格，均应立即进行整改并进行二次试验，以验证设备质量。

2. 管理方面

设备到货后，监理项目部应组织开展进场验收，必要时应采用仪器对焊缝进行电压互感器探伤检测。验收时，应同步对出厂试验报告、质量证明书、产品说明书进行重点检查，对试验报告中试验项目、标准、结论进行逐项核对。

案例 35 电压弱信号传输违反直流工程反措要求

【案例描述】

某换流站双极区互感器接口屏双极合并单元（BMU）布置于主控楼二层站辅助设备室，极1、极2测量接口屏极测量接口（PMI）、极合并单元（PMU）分别布置于主控楼三层极1低端阀组控制保护设备室和极2低端阀组控制保护设备室。PMU柜内放置的是极区的零磁通电流互感器电子模块，采集模拟量包括中性线电流（阀侧）（IDNC）和中性线电流（接地极侧）（IDNE），其中IDNE还需送给对极PMI。BMU柜内放置的是双极区的零磁通电流互感器电子模块，包括金属回线电流（IDME）、站内接地电流（IDGND）、接地极线路电流1（IDEL1）、接地极线路电流2（IDEL2）。零磁通电流互感器电子模块会输出1.667V电信号，通过电缆送给PMI柜模拟量采集机箱，还会输出24V电信号作为电子模块测量是否正常的标志。1.667V模拟量信号通过JVP2VP2/22-1kV-2×2×1.0屏蔽双绞线连接；24V"零磁通电流互感器有源"信号通过ZB-KVVP2/22-1kV-4×1.5控制电缆连接。

《防止直流换流站事故措施（征求意见稿）》中9.1.26要求：直流控制保护装置所有硬件（特别是非通用设计的接口硬件）均应通过电磁兼容试验。控制保护装置的24V控制和信号电源电缆不应出保护室，以免因干扰引起异常变位。

【案例分析】

主控楼二层站及双极辅助设备室BMU屏至三层极1、2低端阀组控制保护设备室极测量接口（PMI）屏之间的1.667V和24V模拟量信号通过电缆出小室、跨楼层传输，传输距离远，受到干扰的可能性变大。

【指导意见/参考做法】

1. 整改方案

采用现有的4U模拟量采集机箱即采样板卡加处理板，将1.667V和24V电信号在小室内转化为数字量信号，再通过光纤传输至PMI屏。

在主控楼二层站辅助设备室增加3面接口屏，分别为BMIA❶、BMIB、BMIC，A、B柜放置4个模拟量采集装置，分别送极1和极2 PMI柜的H1、H2机箱，C柜放置2个模拟量采集装置。

新增屏柜布置于小室备用屏柜位置，新增屏柜的直流电源取自本小室直流电源AB段馈线屏的备用空开。拆除原BMU屏至PMI屏的电缆（1.667V和24V电信号），并改接至新增的BMI屏内。

极1和极2低端阀组控制保护设备室分别增加3个屏柜，负责向对极发送中性母线侧靠接地极

---

❶ BMI指双极测量接口，当后面出现A/B/C时，代表相应的第A、B、C套屏柜，如BMIA则表示双极合并单元A套屏柜。

端的直流电流（IDNE）信号。

新增屏柜布置于小室备用屏柜位置，新增屏柜的直流电源取自本小室直流电源 AB 段直流分电屏的备用空气开关。拆除原 BMU 屏至 PMI 屏的电缆（1.667V 和 24V 电信号），此部分信号改为光纤传输。拆除两个极 PMI 屏之间的电缆（IDNE 电信号），并改接至新增的 PMIX 屏内，转换为数字量再通过光纤传到对极 PMI 屏。

2. 设计方面

在后续工程中，将 PMI、PMU、BMU 屏柜（存在 1.667V 和 24V 电信号传输）布置在一个房间，防止 1.667V 和 24V 电信号跨小室传输。

案例 36 罐式断路器端部机构箱至电流互感器端子箱电缆外露

【案例描述】

某工程滤波器场罐式断路器本体上的电流互感器端子箱入地电缆采用槽盒敷设，断路器端部机构箱的入地电缆需利用断路器本体上的电流互感器端子箱槽盒通道。端部机构箱至电流互感器端子箱槽盒之间的这部分电缆外露，如图 10-36-1 所示。

【案例分析】

断路器机构箱至本体端子箱下端槽盒的外露电缆护套属于断路器内部电缆连接所需附件，应由断路器厂家提供方案，但设备厂家未对机构箱至槽盒的外露电缆采用何种材质的护套，以及护套固定的方案，设计图纸中也未加以详细说明。

【指导意见/参考做法】

1. 整改情况

设计、施工、断路器厂家研究讨论后，对该部分外露电缆增加金属软管护套，并在金属软管护套两端与槽盒及机构箱连接处增加格兰头（见图 10-36-2），对外露电缆进行了有效防护，并可避免雨水进入槽盒。

图 10-36-1 端部机构箱至电流互感器端子　　　图 10-36-2 外露电缆增加金属软管护套

箱槽盒之间的部分电缆外露　　　　　　　　和格兰头

2. 设计方面

在确认厂家资料时设计应加强与厂家的配合,确保问题早发现、早处理。

案例 37 避雷器排气口朝向问题

【案例描述】

监理人员巡视检查交流场设备安装工艺时,发现 1 号 500kV 降压变压器高压侧避雷器排气口朝向巡视通道(见图 10-37-1),在后期运行中存在安全隐患,不满足《电气装置安装工程高压电器施工及验收规范》(GB 50147—2010)中 9.2.8 要求。

【案例分析】

查阅设计图纸,发现 BA02871S-D1015-09 Y20W-420/1046 型避雷器安装图对高压侧避雷器排气口安装方向未进行明确,设计深度不够。

【指导意见/参考做法】

1. 整改情况

监理项目部与设计单位沟通明确喷口方向,施工单位按要求完成整改,1 号 500kV 降压变压器高压侧避雷器排气口朝向非巡视通道侧,如图 10-37-2 所示。

图 10-37-1 降压变高压侧避雷器排气口　　图 10-37-2 降压变高压侧避雷器排气口
　　　　　朝向巡视通道　　　　　　　　　　　　朝向非巡视通道侧

2. 设计方面

在今后工程中,应加强设计深度。同时,图审查应仔细,确保满足规范要求。

第十一章　控制保护与调试

案例 1　空载加压试验 （OLT） 模式下开关联锁问题

【案例描述】

在交流站控软件测试过程中发现，当交流场只有边开关（或中开关）带电 OLT 运行时，如果需要操作中开关（或边开关）合闸，根据现有联闭锁条件，合闸允许条件不满足。

【案例分析】

交流场主接线图如图 11-1-1 所示，当后台选择为 OLT 模式时，此时如果已经通过边开关（或中开关）OLT 解锁，此时启动电阻串联隔离开关 Q11 分位，启动电阻并联隔离开关 Q13 合位，中开关（或边开关）的合闸允许条件不满足，中开关（或边开关）无法合闸。

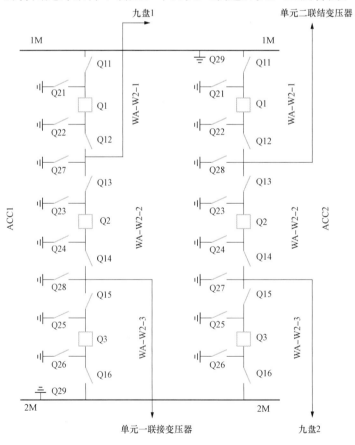

图 11-1-1　交流场主接线图

【改进建议/工作启示】

增加一种允许交流进线断路器合闸的工况，当联接变压器网侧交流电压高于 0.85 倍标称电压时，如果此时边开关（或中开关）间隔处于运行状态，同时断路器本体满足合闸条件及五防条件，则允许操作中开关（或边开关）合闸。

案例 2　手动 OLT 高频谐波振荡问题

【案例描述】

某工程系统调试阶段，单元二送端侧手动 OLT 投入低通 400Hz 滤波器的高频谐波抑制策略，解锁后约 7min，出现 14 次高频谐波振荡，触发高频谐波告警和触发谐波保护动作，导致系统闭锁跳闸。

【案例分析】

经过对系统的阻抗特性扫描，发现在 700Hz 频点上交流系统与柔性直流系统的幅频特性上阻抗相交，且在相频特性上的相角差大于 180°，形成谐振。

【指导意见/参考做法】

将截止频率 400Hz 的二阶低通滤波器高频谐波抑制策略调整为非线性滤波器，同时将电流内环控制器的比例环节调整为动态系数，改变柔性直流系统的阻抗特性避免与交流系统形成谐振。

案例 3　自动 OLT 高频谐波振荡问题

【案例描述】

某工程系统调试阶段，单元 1 受端侧进行手动 OLT 试验直流电压升至 830kV 时出现交流系统电压越限（越限值设定为 540kV），在站内投入高压电抗器后系统电压正常。随后进行受端侧自动方式 OLT 试验，单元 1 自动 OLT 投入 750～1500Hz 自适应高频谐波抑制策略，解锁后 4s 直流电压 715kV 时出现 36 次高频谐波，C 相 36 次谐波尤其明显，此时 A 相 36 次谐波相对基波幅值含量 4.5%，B 相 36 次谐波相对基波幅值含量 3.5%，C 相 36 次谐波相对基波幅值含量 14.9%。解锁 6s 后高频谐波抑制策略起作用，对 C 相进行了有效的抑制，高频谐波抑制功能投入后 A 相 39 次谐波相对基波幅值含量 28.7%，B 相 39 次谐波相对基波幅值含量 31.8%，C 相 39 次谐波相对基波幅值含量 2.2%。解锁 7s 后，A 相 39 次谐波相对基波幅值含量 27%，B 相 39 次谐波相对基波幅值含量 31.6%，C 相 39 次谐波相对基波幅值含量 2.9%，现场调试组决定对柔性直流系统紧急停机。

【案例分析】

单元 1 自动 OLT 试验为 C 相出现 36 次谐波，高频谐波抑制策略投入后，C 项谐波明显减小，但是 A 相和 B 相出现高次谐波。判断为高频谐波抑制策略失效，需对策略及参数进行优化。

【指导意见/参考做法】

将原有 750～1500Hz 自适应高频谐波抑制策略调整为截止频率为 400Hz 的二阶低通滤波器，重新进行自动 OLT 试验，没有出现高频谐波。

案例 4 母线故障录波装置未配置

【案例描述】

某换流站前期设计及招标时均未配置母线故障装置，现场实施阶段根据要求新增母线故障装置。

【案例分析】

500kV 交流母线故障录波装置按各省公司习惯进行配置，总部层面并无统一要求。四川地区以往工程均未配置母线故障录波装置，故前期设计及招标时并未配置。

【指导意见/参考做法】

1. 整改情况

增加母线故障录波装置，并对原设计接线进行了相应的修改，主要包括：每面母线故障录波柜对应一段 500kV 母线，安装在其中一个小室，另一个小室对应串的断路器电流则需从断路器保护柜后，通过长电缆跨小室串接，以满足工程相关要求。

2. 设计方面

对于国调直调的特高压换流站或变电站，不用参考地方配置习惯，均配置母线故障装置。

案例 5 站用变压器无闭锁备自投功能

【案例描述】

某工程调试时发现 330kV 站用变电站、66kV 站用变电站、35kV 站用变电站闭锁备自投功能无设计回路。

【案例分析】

330kV 站用变保护柜、66kV 站用变保护柜、35kV 站用变保护柜未设计后备保护闭锁低压备自投回路。

【指导意见/参考做法】

新增加站用变后备保护闭锁低压备投回路，并增加此处电缆接线。

（1）设计单位应提前确定站用电具体运行方式，避免后期不必要的改动。

（2）施工图审查需重点关注是否配备了站用变电站后备保护闭锁低压备自投功能。

案例 6 调相机轴振 2X 向测点超报警值

【案例描述】

某站进行 1 号调相机冲转并网实验时（转速 3000 转/min，无功 300Mvar），1 号调相机出线端 2X 向轴振为 $88.6\mu m$，超报警值（报警值$>80\mu m$、跳机值$>260\mu m$），其中同一个位置的 2Y 向轴振为 $61.0\mu m$。

由于 2X 轴振仅达报警值并且较为稳定，未达到跳机值，且距离跳机值还有安全空间，调相机实验继续进行，期间未影响其余系统正常工作。

待实验结束后停机，出线端 2X 向、出线端 2Y 向振动值恢复至较小水平（＜50μm），降至报警值以下，恢复正常。

【案例分析】

通过调阅该调相机在制造厂内的运行及动平衡监理记录，可知在 1 号调相机出厂时，其轴振均小于 50μm，而在某换流站中，经过重新安装的 1 号机转子，轴振发生了一定的变化，且均为 1 倍频幅值分量，表现为一定的强迫振动现象。经过分析，两者状态之间的不同为：轴承安装状态经过重新拆装、底部支撑基础不同。由于在制造厂内采用的是动平衡车间专用基础，试验在 0m 层进行；而某调相机站采用的水泥钢筋混凝土结构，1 号调相机安装在 5m 层，导致两者之间的支撑刚度、轴承安装状态等不可避免的存在区别；而由于两者之间的安装状态不一致导致的振动状况不一致，这在常规火电中的大型汽轮发电机组中也较为常见。

【指导意见/参考做法】

1. 整改情况

由于发现仅出线端 2X 向轴振超过报警值、同一位置的出线端 2Y 向轴振在报警值以内，且振动幅值均较为稳定，采用轴承翻瓦检查调整与现场动平衡相结合的方式进行解决。

对轴承的安装状态进行了重新调整，并按照技术要求进行复装。

在调相机集电环风扇处，采用物料代号为"14204671"的平衡块进行现场动平衡，以键相为零位，在 180°位置配重 220g。

在以上措施都实施后，1 号调相机重新启动，振动情况良好，在额定转速 300Mvar 工况下，出线端 2X 轴振为 41.3μm、出线端 2Y 轴振为 28.7μm，均在报警值（80μm）以下，具体振动幅值如表 11 - 6 - 1 所示。

表 11 - 6 - 1　　　　　　　　　　　　1 号调相机振动幅值　　　　　　　　　　　　单位：μm

工况	项目	非出线端 1X 向	非出线端 1Y 向	出线端 2X 向	出线端 2Y 向
额定转速 300Mvar	通频	54.9	44.0	41.3	28.7

2. 设备方面

在今后的工程中，应对轴承系统的安装，包括轴瓦、轴承垫块等零部件的安装，严格按照技术要求进行，并在有异常时及时寻求专业振动工程师分析、解决。

案例 7　无功控制用 CVT 断线试验失败

【案例描述】

某换流站工程在进行"无功控制用 CVT 断线"试验时，当断开第四大组交流滤波器母线 CVT 至 B 系统（值班系统）的二次线后，处于"锁定"状态的八小组交流滤波器依次投入，导致 500kV 两回出线过电压保护动作跳闸，直流系统闭锁，换流站站用电切换至站外电源运行。

【案例分析】

控制保护系统无功控制逻辑关于交流母线电压判断逻辑存在问题。系统采集 4 大组交流滤波器母线电压，在 4 组电压均不可用时，程序锁存的交流母线电压为上一运行周期采集的交流滤波器母线电压，而实际试验时回路电压呈现衰减过程，锁存的是衰减过程的数值且不变（306kV），该数值低于无功控制中 $U_{\min}$ 的"命令投入滤波器"的设置值，导致交流滤波器投入命令一直存在。

【指导意见/参考做法】

将控保系统无功控制逻辑关于交流母线电压判断逻辑调整为当 4 个大组滤波器电压全部不可用时，将交流系统电压额定值（530kV）作为无功控制的输入，避免变化的输入值引起滤波器投切。

案例 8　调试期间低端 400V 备自投失败导致直流闭锁

【案例描述】

某工程在进行双极低直流调试/极 2 低端 400V 辅助电源切换试验时，出现极 2 低端 400V 开关柜脱扣备自投闭锁导致极 2 低换流阀闭锁。

现场事件过程：运行人员按试验步骤远方拉开 10kV 114 开关，10：41：09 备自投自动分 414 开关，10：41：13：790 备自投合 440 开关，10：41：13：871 时 424 开关分闸同时闭锁备自投，因极 2 低 I、II 段电源均消失，极 2 低阀冷设备电源消失，极 2 低换流器闭锁退出运行。

事件发生后现场立即到极 2 低 400 室设备检查发现 414 开关已脱扣，现场屏幕显示接地电流 500A，A 相电流 1000A，零序电流 500A；检查 424 开关已脱扣，现场屏幕显示接地电流 500A，三相电流 1000A；后查找当时负荷情况，极 2 低 I 段负荷电流 890A，极 2 低 II 段负荷电流 30A。厂家人员现场将 414 开关拖出，检查本体，测开关绝缘电阻及导通均未出现问题。

监理现场立即组织厂家、施工及运行人员进行讨论，进讨论决定于该日双极低直流调试完成后模拟相同负荷工况进行极 2 低端 400V 辅助电源切换试验，试验流程如下：

14 日 00：45 极 2 低 1 段及 2 段分别带 900A 及 0A 负荷运维（414、424、440 接地保护动作定值 500A，动作时限 0S），现场拉开 114 开关，414 自动分闸，440 通过备自投合上，424 带极 2 低 1、2 段负荷，该过程中各开关动作正常，分合闸瞬间单相最大电流达 2290A。

00：50，计划通过备自投恢复极 2 低 1、2 段独立带负荷，此时状态 440、424 开关带 1、2 段约 900A 负荷，00：55：10 远方合上 114 开关，00：55：13：189 备自投按逻辑分 440 开关，00：55：14：103 备自投合 414 开关，414 合闸瞬间 00：55：14：185 即跳开，现场检查 414 脱扣闭锁，此时 414 本体显示接地脱扣，A 相 500A 电流，BC 相 0A，接地电流 500A，零序电流 500A。

00：55，现场准备将极 2 低 1 段负荷倒至 2 段，就地将 414 脱扣复归，远方断开 114 开关，备自投解锁，备自投切自动状态，00：58：42：203 备自投合 440 开关，00：58：42：203 时 424 开关分闸，故障闭锁备自投，现场检查 424 脱扣，显示接地电流 500A，三相电流均为 1000A。

现场重现了备自投失败闭锁的过程。

【案例分析】

现场验证发现 414 及 424 开关在分合闸瞬间存在较大的不平衡冲击电流，单相最大电流达 2290A，因现场 400V 施耐德开关接地保护整定值为 500A，整定时间 0S，极 2 低 400V Ⅰ 段母线正常工况（两段母线分列运行时）电流值为 890A 左右，Ⅱ 段母线正常工况电流值为 30A 左右。负荷主要为空调、阀冷主机、照明、阀冷系统散热风机、换流变冷却器等，这些负荷大部分为三相电机，在备自投切换过程中，Ⅰ 段母线 890A 电流要瞬间切换到 Ⅱ 段母线，此时瞬间电流可达 2300A 左右，并且三相电机很容易造成三相电流不平衡，且不平衡电流值极易超过 500A 限值，又因接地保护无延时，在切换过程中，接地保护动作，进线断路器跳闸，闭锁备自投，极 2 低阀冷设备失电导致换流阀闭锁。

【指导意见/参考做法】

1. 整改情况

设备厂家和施工单位对 400V 室内各断路器重新进行定值整定，把接地保护的故障延时调整到反时限 0.4s，反复操作 4 次，备自投均正常动作，无异常情况。

2. 设备方面

在后续工程中，组织厂家及施工单位人员合理评估断路器接地保护定值设定要求，要求断路器接地保护能躲过三相不平衡电流的冲击。

案例 9　特殊交接试验未履行现场踏勘

【案例描述】

某变电站新建工程特殊交接试验前编制并报审了试验方案。其中 500kV HGIS 交流耐压试验，按照《电气装置安装工程电气设备交接试验标准》（GB 50150—2016）的要求，耐压试验值 592kV，持续时间 1min。

现场开展特殊交接试验时，发现待试设备与运行设备距离较近（距运行的避雷器 4.5m）。如按试验方案继续加压至 592kV，该处叠加电压可能达到 900kV，将导致运行线路跳闸和该 500kV 变电站全停的安全事故。

因此，试验单位变更了试验方案，执行《额定电压 72.5kV 及以上气体绝缘金属封闭开关设备》（GB 7674—2008）的要求，耐压试验值 318kV，持续时间 30min。

【案例分析】

（1）试验单位未开展现场踏勘或现场踏勘流于形式，未提前发现现场不满足试验条件的问题。

（2）试验单位发现现场不满足试验条件后，变更了试验执行的依据，但未及时与运检单位沟通，并在未取得书面意见的情况下，擅自变更了试验方案。

【指导意见/参考做法】

（1）特殊交接试验前，业主项目部应督促试验单位开展现场踏勘，重点核查临近带电设备及安全距离，制订有针对性的试验方案，确保试验方案符合技术规范的要求。必要时，提前申请停电计划，保障试验安全。

（2）严格执行国标、行标等技术标准，严禁擅自变更试验条件。当相关标准存在差异时，应向相关单位（设备运行单位、验收接收单位等）进行专项汇报，协商确定执行标准和解决方案。

（3）试验方案变更时，应按要求履行方案变更、审批程序。

案例 10　直流故障录波装置不满足要求

【案例描述】

某换流站每极直流录波系统配置了采样频率分别为 10kHz 和 50kHz 两面录波屏，调试过程中需增加对柔性直流换流阀桥臂 100kHz 采样的模拟量录波。根据录波设备厂家的要求，10kHz 录波装置能接 128 路模拟量 256 路开关量，不能接入 50kHz 和 100kHz 录波量。50kHz 录波装置能接 96 路模拟量 128 路开关量，若接入 10kHz 录波量，按 50kHz 录波量处理，但不能接入 100kHz 录波量。

【案例分析】

由于常规直流控制保护对合并单元的采样率要求是 10kHz 采样，直流线路保护是 50kHz 采样，未考虑柔直换流阀桥臂 100kHz 采样的模拟量录波。直流故障录波系统招标时只考虑了 10kHz 和 50kHz 两种采样率的录波装置。低采样率的直流故障装置无法适应高采样率的直流故障装置。

直流故障录波厂家提供图纸中光口数量为 30 个，而录波装置对光口的实际处理能力，一般情况下 10kHz 最大 14 个，当模拟量少或开关量集中的情况下 20 个也能接入，但需要仿真确认。设计时仅考虑模拟量和开关量的总路数满足录波装置要求，未考虑光口数量的限制。

【指导意见/参考做法】

由于 50kHz 采样率录波装置可兼容 10kHz 采样率的模拟量，并且 50kHz 采样率录波装置光口有较多富余量，故将部分 10kHz 采样率的模拟量接入 50kHz 采样率录波装置。并增加 1 台 100kHz 采样率录波装。

直流故障录波系统招标时，应充分考虑直流故障录波对各种采样率的需求，接线时除了需考虑模拟量和开关量采样总量的限制，还应考虑每台录波装置对光口数量的限制。

案例 11　站用电电气联锁二次回路和备自投工况逻辑冲突

【案例描述】

某工程正常运行时，两工作电源分别与备用电源实现明备用，即正常时由工作电源供电，工作电源故障时切换至备用段供电；工作电源与备用电源可实现反切（即由备用电源供电时，当工作电源恢复，应自动切换至工作电源）；三电源中任两个电源不得并列运行，电源正常切换时先跳闸后合闸。

特殊运行方式时，单一电源检修而备用电源故障时，另一电源应同时向工作Ⅰ、Ⅱ段供电（接线图如图 11-11-1 所示），某 10kV 站用电连锁回路不满足现场运行要求。

进线1（101开关）联锁：开关合闸条件是Ⅰ-Ⅲ分段开关需要在分位。

进线2（102开关）联锁：开关合闸条件是Ⅱ-Ⅲ分段开关需要在分位。

Ⅰ-Ⅲ分段开关（110开关）联锁：开关合闸条件是进线1（101开关）需要在分位。

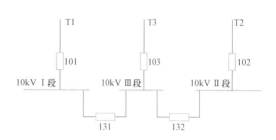

图11-11-1　站用电电气一次接线图

Ⅱ-Ⅲ分段开关（120开关）联锁：开关合闸条件是进线2（102开关）需要在分位。

【案例分析】

当遇到特殊运行方式时，电源2检修，备用电源故障，电源1需要带10kVⅠ段和Ⅱ段母线运行，这时候由于Ⅰ-Ⅲ分段开关被电源1开关闭锁，不能合闸；同理，当电源1检修，备用电源故障，电源2需要带10kVⅠ段和Ⅱ段母线运行，这时候由于Ⅱ-Ⅲ分段开关被电源2开关闭锁，不能合闸。

【指导意见/参考做法】

以进线1为例，在保持原有的电气连锁的基础上，在进线1控制回路增加Ⅰ-Ⅲ分段分位、2段进线开关分位闭锁来实现10kV系统特殊运行方式需求。Ⅰ-Ⅱ段母联开关（131开关）联锁如图11-11-2所示，Ⅱ-Ⅲ段母联开关（132开关）联锁如图11-11-3所示，备用电源进线开关（103开关）联锁如图11-11-4所示。

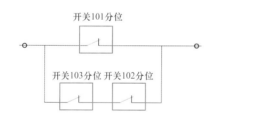

图11-11-2　Ⅰ-Ⅱ段母联开关（131开关）联锁

图11-11-3　Ⅱ-Ⅲ段母联开关（132开关）联锁

图11-11-4　备用电源进线开关（103开关）联锁

第十二章　滤波无功设备及二次设备

案例1　交流滤波器场电容器发热

【案例描述】

交流带电调试期间，测温发现交流滤波器场 5611、5651、5663 电容器均发现有不同程度发热现象，如图 12-1-1 所示。

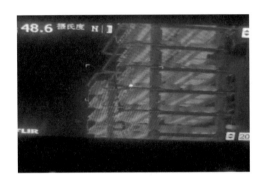

图 12-1-1　电容器发热情况

【案例描述】

滤波器组转检修后，现场拆掉发热连线共 10 处，其中有 8 处为电容器顶部连线的螺栓及平垫有部分毛刺、不平整现象，有两处为电容器顶部螺栓未紧固到位。

【指导意见/参考做法】

1. 整改情况

对拆下的螺栓及平垫进行打磨、擦拭，或者直接更换，对接触面进行二次打磨擦拭，并重新打力矩。

2. 设备方面

（1）设备进场时，应全面检查设备情况，对不合格的地方应及时发现，及时整改。

（2）加强设备安装环节的自检验收流程，尤其是交流滤波器场的大量的螺栓力矩检查，把好质量关。

案例2　交流滤波器场噪声超标

【案例描述】

某直流工程开展大负荷试验期间，中国电科院组织工程环保竣工验收单位，对试运行的某换流站进行了厂界噪声测试工作，监测结果如下：

（1）经监测大部分点位声环境监测满足环保标准要求。

（2）直流平波电抗器附近站界噪声较大，挡土坡上测点约为 56dB，超出 55dB 限值（夜间）。

（3）交流滤波器场附近站界噪声较大，即便是围墙下测点也达到 66.9dB，超过了第 3 类声环境功能区的 65dB（白天）以及 55dB（夜间）的限值。

（4）测试期间仅单极 2000MW 运行，运行电压接近 400kV，直流平波电抗器附近站界 12 号和 22 号附近围墙上 0.5m 处的可听噪声接近夜间标准 55dB 的限值。

（5）750kV 线路进线侧电晕可听噪声也较大，站界围墙上 0.5m 处约为 51dB 左右，需要给予重视。

（6）本次带电调试均在白天进行，故没有检测夜间噪声，考虑到某换流站站界四周无外界噪声影响，因此夜间噪声测量情况应与白天测量结果类似。

【案例分析】

经现场考察及分析，交流滤波器厂界外围墙噪声超标的主要原因是交流滤波器围栏内设备噪声远远超过招标文件中所要求的控制水平，尤其是 BP11/BP13 滤波器组，通过软件反推计算的设备声功率值超过 100dB（A）。同时，由于滤波器场距西侧平波电抗器较近，引起平抗围墙外噪声超标。改造前电抗器现场照片见图 12-2-1。

【指导意见/参考做法】

1. 整改情况

（1）交流滤波器南侧增高围墙至 6.5m，改造围墙后，经现场实测，交流滤波器组南侧围墙外可听噪声在整体上有所降低，降低幅度为 2~17dB（A），平均降低约 5dB（A）。

（2）电抗器厂家在电抗器本体上增加隔声罩，改造后电抗器照片如图 12-2-2 所示。

图 12-2-1 改造前电抗器现场照片　　　　图 12-2-2 增加隔声罩后电抗器照片

中国电科院在电抗器改造后，对交流滤波器场围墙外噪声进一步进行了测量，厂界外基本满足《声环境质量标准》（GB 3096—2008）和《工业企业厂界环境噪声排放标准》（GB 12348—2008）中 3 类标准限值要求。

2. 设计方面

在计算时，因部分换流站围墙已经开始建设或建设完成，且厂家试验值和现场谐波下产生的噪声实际水平往往也存在差异，因此，建议在计算过程中，适当留有一定裕度。如此时原围墙设计方案不能满足环评要求，有条件的情况下可以增高围墙高度（尽量控制在10m以内）。如通过增高围墙的方式不能满足环评要求时，则应及时向业主反映，需对设备本身增加降噪措施，避免环保验收阶段此类问题再次发生。

案例3 光电流互感器电子单元频繁告警并瞬时复归问题

【案例描述】

某工程在正常运行期间，光电流互感器频繁产生"数据无效"事件，故障持续约 1～3s 后复归，导致相关保护退出运行。

【案例分析】

光电流互感器自检频率过高，微小外部变化可能触发告警；光电流互感器调制电缆接线不紧；电子单元光源板卡压接工艺不良，影响光源正常供电，导致电子单元报"数据无效"。

【指导意见/参考做法】

1. 整改情况

通过软件设置降低设备的自检频率。

2. 设备方面

(1) 设备出厂前重新检查机箱光源板卡压接并测试合格。

(2) 完善施工工艺，在施工期间接线时保证端子紧固并复检。

案例4 户外光电流互感器在温度低时出现故障

【案例描述】

某工程在气温达到 −10℃ 时，个别直流场光电流互感器会间频繁发出测量故障。

【案例分析】

经过多次故障排查，并对故障设备进行拆解分析最终确定为光电流互感器一次测量部件内光纤移位，在低温应力下挤压光纤导致。

【指导意见/参考做法】

1. 整改情况

对光电流互感器一次测量部件内光纤采取加固措施。

2. 设备方面

(1) 后续工程，增加振动试验，确保一次光纤在一定的振动情况不会产生移位。

(2) 在运输的时候安装振动记录仪，避免设备由于运输过程中振动过大造成损坏。

案例5 二次接线质量缺陷造成接地开关分闸不到位，导致耐压试验放电

【案例描述】

某扩建工程耐压试验对地放电后跳闸，故障定位器显示隔离开关存在故障。对隔离开关开盖检查后，发现接地开关分闸不到位，动触头对静端放电。

进一步排查后，发现机构配线侧 HK 端子（电源负极接线公共端）、汇控柜侧 19 号端子（连

接机构内配线 K 接线端子，分闸信号接线端）松动，机构操作回路由于虚接而失电，导致接地开关分闸不到位。

【案例分析】

（1）施工人员责任心不强，接线不牢固，施工单位和设备厂家检查不仔细，未发现接线松动。

（2）耐压试验前未全面排查设备状态，未发现接地开关分闸不到位。

【指导意见/参考做法】

（1）规范施工质量检查和验收，重点检查二次接线质量。

（2）现场试验前，检查并确认设备状态符合试验要求。

案例 6　滤波场电容器厂家多股引线端部未压鼻子

【案例描述】

500kV 交流滤波场 SC 电容器厂家引线为多股线，直接跟线夹连接，验收提出多股线要压鼻子或铜管等防止多股线松散，存在发热隐患，如图 12-6-1 所示。

【案例分析】

电容器厂家多股软线与线夹连接方式，接头处没有防松散的措施。

【指导意见/参考做法】

1. 整改情况

厂家发铜管至现场，对多股引线端部采用套铜管后再与线夹连接方式进行改造。

图 12-6-1　引线为多股线直接跟线夹连接

（2）电容器厂供多股线端部压制防松散端子或者改为压铜鼻子的连接方式。

2. 设备方面

后续工程，在对设备的技术规范书中应明确设备厂供引线安装方式要求。

案例 7　电抗器伞罩跨接接地与均压环碰撞形成闭合回路

【案例描述】

某工程监理项目部现场巡视时发现启动回路区桥臂电抗器附件安装过程中，顶部伞罩的跨接接地和顶部均压环碰撞，设备运行后将形成磁闭合回路，导致设备发热，影响正常运行，如图 12-7-1所示。违反了《±800KV 及以下换流站干式平波电抗器施工及验收规范》（GB 50774—2012）中 5.6.1 在距离电抗器本体中心两倍电抗器本体直径的范围内不得形成磁闭合回路的要求。

针对此处发现的问题，监理项目部立刻组织施工单位及设备厂家针对启动回路区桥臂电抗器进行排查，发现有多处出现此类问题。监理项目部下发整改通知单，要求施工单位对所有桥臂电抗器的伞罩跨接接地进行排查核实，并按照规范要求现场及时进行整改，整改后如图 12-7-2 所示，伞罩跨接接地与均压环分离，不形成闭合回路，符合相关规范验收要求。

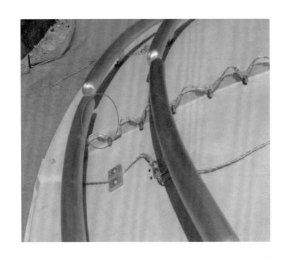

图12-7-1　桥臂电抗器顶部伞罩的跨接　　　图12-7-2　整改后伞罩跨接接地与均压环分离

接地和顶部均压环碰撞

【案例分析】

设备安装前，现场施工项目部未进行详细的施工前质量技术交底；安装现场施工技术人员不熟悉相关规程规范，忽视了设备安装的细节。

【指导意见/参考做法】

1. 设计方面

设计单位应在涉及图纸中进行标注，提示安装人员不得形成闭合回路。

2. 施工方面

在施工单位的安装前安全技术交底会上应强调，提高现场技术人员的质量意识。

第十三章　其　他

案例 1　动力电缆预埋管直径不足问题

【案例描述】

某换流站 380V 站用电设计了大量 ZB-YJY23-0.6/1kV 3×95+1×50 型号动力电缆，该型电缆为带钢铠护套型产品。部分土建预埋穿过直径偏窄，转弯较多无法敷设。

【案例分析】

土建预埋管设计时未充分考虑所穿电缆截面积大小，未考虑是否能穿过所需电缆。

【指导意见/参考做法】

1. 整改情况

经设计单位核算，将 ZB-YJY23-0.6/1kV3×95+1×50 型号动力电缆更换为 ZB-YJY23-0.6/1kV3×70+1×35 型号动力电缆，满足负荷需求，可以进行敷设。

2. 设计方面

动力电缆设计过程中，应充分考虑负荷大小、路径长短、转弯半径、穿管尺寸等参数，避免电缆无法敷设的情况。

案例 2　擅自改变停电顺序，严重降低电网安全性

【案例描述】

某扩建工程建设期间，根据停电方案，业主项目部上报保护校核方案，明确需在Ⅰ母、Ⅱ母轮停完成后，腾空Ⅰ母以配合 T052 做保护校核，因为 T0521 靠近Ⅰ母侧 CT 需配合拆解，该 CT 需要进行断路器保护校验，不能直接使用 T052 断路器的充电保护。

现场错误地认为，若调整Ⅰ母和Ⅱ母停电顺序就可以避免Ⅰ母腾空的操作，故更改了母线停电顺序后上报月度停电申请，使得电网在十分薄弱的工况下运行。

【案例分析】

更改Ⅰ母和Ⅱ母停电顺序，会导致本站 2 号主变压器与两条母线均脱离电气联系、"出串"运行，即 2 台特高压主变压器分列运行。

【指导意见/参考做法】

（1）建设单位报送的停电方案应达到提计划票和工作票的深度，停电方案应包括（且不限于）以下内容：

1）本站相应电压等级的主接线图（带调度编号）。

2）应提供本次停电计划汇总表，包括：停电范围，精确到设备调度编号、二次屏柜名称等；停电时间，精确到小时；停电期间工作内容，包括一次、二次，以及安装、拆除、搬迁等，还包括施工、试验等各项工作内容；相应设备状态，包括转检修、冷备用、热备用等。

3）停电方案应重点论述停电范围、停电时间的必要性和安全措施的完备性。

（2）现场提交计划票或工作票时，应严格执行会议纪要。业主项目部、检修公司分别核对票与纪要的一致性。

（3）业主项目部向运行单位提交计划票、工作票时，应由技术专责、业主项目经理分别把关签字。

案例 3　单芯动力电缆钢铠层、屏蔽层接地问题

图 13-3-1　开关柜电缆头仅引出一根接地线

【案例描述】

某工程外接站用变压器至公用 10kV 室动力电缆头制作过程，采取钢铠层在站用变侧接地，铜屏蔽层在开关柜侧接地，无施工依据，如图 13-3-1 所示。

【案例分析】

《电气装置安装工程电缆线路施工及验收标准》（GB 50168—2018）中 7.1.9 明确说明交流系统单芯电力电缆金属套接地方式和回流线的选择应符合设计要求。监理人员查看电缆设计图纸发现，设计单位并未对 10kV 单芯电缆接地有相关说明，施工人员凭经验施工。

【指导意见/参考做法】

1. 整改情况

设计单位明确本站 10kV 交流单芯电缆金属套接地方式，施工项目部严格按照设计要求，重新制作开关柜侧电缆头。钢铠层在两端接地，屏蔽层在开关柜侧 1 点接地，如图 13-3-2 所示。

2. 设计方面

设计单位需严格按照设计规范，明确相关施工说明，以避免因设计图纸缺陷导致不必要的返工。

图 13-3-2　整改后电缆头分别引出
钢铠层、铜屏蔽层接地线

3. 施工方面

施工单位管理人员应严格落实施工前交底工作，组织施工人员学习图纸，确保施工工艺符合要求。

案例4　阀厅金具安装完发现铝绞线有散股现象

【案例描述】

在进行双极低端阀厅金具安装，管母连接金具的施工过程中，需要摇晃金具本体并套入管母中。

在安装完所有管母连接金具进行复查时发现，部分管母连接金具上铝绞线出现散股、断股现象（见图13-4-1），最终导致对所有管母连接金具进行更换。

图13-4-1　部分管母连接金具上铝绞线
出现散股、断股

【案例分析】

（1）金具厂家对铝绞线与抱接头焊接部分焊接不牢或焊接温度过高熔断铝绞线。

（2）由于铝绞线硬度过高，导致安装金具摇晃力过大，致使铝绞线脱股。

【指导意见/参考做法】

1. 整改情况

金具厂家将原有粗股连接铝绞线改成编织型细股铝绞线，同时加强焊接部分质量管理工作，确保焊接质量满足现场需求，将原有金具进行替换。

2. 设备方面

建议在设计阶段明确连接金具用铝绞线型号，避免出现使用粗股线导致安装过程中剧烈摇晃导致脱股。

案例5　接地铜排连接螺栓安装不规范

【案例描述】

在某换流站阀厅内，沿墙四周均设置有一圈50×4镀锡铜排作为环房接地干线，采用预埋扁钢支撑铜排的固定型式。设计图纸中，仅说明了环房接地干线每隔10m预留S弯，并通过螺栓固定在预埋扁铁上，没有明确铜排连接方式。施工单位使用2颗M12螺栓对铜排进行搭接。不符合《电气装置安装工程母线装置施工及验收规范》（GB 50149—2010）的有关规定要求（表3.2.2中50矩形母线直线搭接应使用4颗M8螺栓）。

现场检查极1阀厅已施工完成的50m环房接地干线，8处铜排连接方式均存在此类问题，当即要求施工单位停止此部分施工，要求严格按照规范要求使用4颗M8螺栓连接。

【案例分析】

1. 施工方面

施工单位技术人员不熟悉规范具体要求且在施工前未认真核查规范要求、技术交底不全面。

2. 设计方面

设计图纸中未明确铜排连接的具体要求，材料表中未给出所用螺栓的工程量，仅凭施工人员根据经验进行备料、施工。

【指导意见/参考做法】

1. 整改情况

施工单位将已施工完成的 50m 铜排拆除，重新开孔，使用 4 颗 M8 螺栓对铜排进行连接。

2. 施工方面

加强对土建单位负责施工的建筑电气等部分的方案审查及现场质量管控。

3. 设计方面

在施工图中，若无详图标注，应明确现场施工应执行的标准。

案例 6 电缆沟壁土建阶段未考虑预留电缆孔

【案例描述】

户外直流场和启动回路区域电缆沟壁未开孔，造成设备电缆埋管无法敷设。存在部分设备漏设基础，后续设备增加，需再次凿电缆沟壁开孔。

【案例分析】

（1）土建图纸中未考虑后续设备埋管至电缆沟的需求，电缆沟施工图纸中未体现埋管需预留孔洞大小和位置。

（2）计院图纸中漏设计设备基础，造成后期电缆沟施工完成后需增加设备基础。

【指导意见/参考做法】

1. 整改情况

（1）根据电气实际敷管位置在相应电缆沟壁重新开孔。

（2）设计院重新核对电气与土建图纸，确定漏设计端子箱具体位置及孔洞大小，土建后期增加基础及开孔。

2. 施工方面

（1）土建施工单位在电缆沟施工前，应与电气设计确认设备基础数量及位置，确认电缆沟壁需预留孔洞的大小及位置。

（2）电气施工单位在入场后，应及时核对户外基础数量、位置及电缆沟开孔情况。

3. 设计方面

电气设计和土建设计应充分沟通，电气一次和二次设计应确认好户外基础图及电缆沟壁需预留孔洞后，方可将土建图纸交于土建单位施工，避免后期重新增补基础和电缆沟壁再次开孔的重复施工工作。

案例 7 检修箱内加热器与线缆安全距离不够

【案例描述】

某工程双极阀厅检修箱内加热器与线缆安全间距过小（见图 13-7-1），线缆直接与加热器接触（见图 13-7-2），存在严重的安全隐患，违反《违反智能变电站施工技术规范》（DL/T 5740—2016）中 5.1.3 条 "加热除湿元件应安装在二次设备盘（柜）下部，且与盘（柜）内其他电气元件和二次线缆的距离不宜小于 80mm，若距离无法满足要求，应增加热隔离措施。加热除湿元件的电源线应使用耐热绝缘导线"。

图 13-7-1 检修箱内加热器与线缆安全距离不够 　图 13-7-2 检修箱内加热器与线缆直接接触

【案例分析】

（1）检修箱采购未充分考虑箱内元器件以及线缆的配置。

（2）现场施工技术人员不熟悉相关规程规范，忽视了电气设备运行安全的细节。

【指导意见/参考做法】

在后续工程中设计单位对设备的提资及布局要谨慎审核，避免不必要的返工。施工技术、质量管理人员要熟悉相关规范和要求。

案例 8 交流滤波器场电缆接地问题

【案例描述】

交流滤波器场 500kV 隔离开关 A、C 相至 B 相二次电缆未接地，B 相机构箱专用铜排未接至站区电缆沟内专用铜排。

【案例分析】

根据十八项反措 "15.6.2.8 由一次设备（如变压器、断路器、隔离开关和电流、电压互感器）直接引出的二次电缆的屏蔽层应使用截面不小于 4mm² 多股铜质软导线仅在就地端子箱处一点接地，在一次设备的接线盒（箱）处不接地。"对于隔离开关电缆均接至就地端子箱的，仅在端子箱处一点接地，故未将专用铜排连接至 B 相隔离开关机构箱。同时施工单位未将交流滤波器场 500kV 隔离开关 A、C 相至 B 相二次电缆进行单端接地。

【指导意见/参考做法】

1. 整改情况

对于分相机构的相间电缆屏蔽层（A 相至 B 相、C 相至 B 相），在汇控箱处可靠单端接入二次等电位接地铜排。B 相电缆屏蔽层，应在端子箱处单端接入二次等电位接地铜排。整改前后接地情况如图 13-8-1 所示。

(a)　　　　　　　　　　(b)

图 13-8-1　整改前后接地情况

（a）整改前；（b）整改后

2. 施工方面

（1）施工过程中应加强与验收单位的沟通，特别是对规范规程、标准工艺有疑问的地方应在施工前提出来进行讨论，并确定最终符合规范的施工工艺。

（2）应在工程应在策划阶段即明确交流滤波器场 500kV 隔离开关 A、C 相至 B 相二次电缆在 B 相单端接地，B 相机构箱专用铜排需接至站区电缆沟内专用铜排。

案例 9　主通流回路螺栓强度问题

【案例描述】

某工程在监理人员开展 0 号站用变压器投运前初检验收时，发现交流区域主通流回路螺栓使用 6.8 级强度（如图 13-9-1 所示），但公用 400V 站用电系统及设备安装、10kV 站用电系统及设备安装图纸中均未明确交流区域主通流回路螺栓强度，不满足《国家电网有限公司变电验收管理规定（试行） 第 22 分册　站用变验收细则》中 A.4 油浸式站用变出厂验收（外观）标准卡，站用变压器外观验收第六点要求。

【案例分析】

设计按规范进行设计，未考虑"五通一措"要求，未在图纸上明确落实要求。

【指导意见/参考做法】

1. 整改情况

经核查，设计单位出具变更单，施工项目部将主通流回路全部更换为 8.8 强度螺栓（见图 13-9-2），验收合格。

图 13-9-1　交流区域主通流回路螺栓使用 6.8 级强度　　　图 13-9-2　主通流回路螺栓强度全部更换为 8.8

2. 设计方面

后续工程中，工程设计应充分考虑规程规范及相关制度要求，同时强化设计深度，将相关要求在施工中明确。

案例 10　未跟踪停电计划审批进展

【案例描述】

某扩建工程建设期间，申报 110kV 月度停电计划。停电施工前一周，业主项目部获知停电计划未批准，可能严重影响到工程建设进度。经多方协调，完成停电计划补报和批准，挽回了经济和工期损失。

【案例分析】

业主项目部向运行单位申报 110kV 月度停电计划并提交停电申请和停电施工方案后，未持续跟踪停电计划审批进展。

临近停电施工前 1 周，业主项目部才发现停电计划未获批，导致工作局面极为被动。

【指导意见/参考做法】

（1）停电计划包括年度停电计划、月度停电计划和 D-3 停电计划，即分别需在停电前一年年底列入年度停电计划，提前一个月的 3 号前提交月度停电计划，停电前 3 天申报正式停电申请。

（2）任何一次停电计划的申报（包括年计划、月计划和正式停电申请），都需要经过省检修公司、省调、网调、国调等多个层级的审查，每个层级涉及多个专业会签。现场向省检修公司提交停电申请后，要跟踪各级、各专业审批情况，避免中间某个专业或某个层级未通过审核，而建设人员未及时掌握相关信息，未能开展及时协调的现象。

案例 11 合金管母线表面有划痕

【案例描述】

某工程铝合金管母线为厂供，按照施工计划管母线到场后进行开箱检查，发现一部分管母表面存在不同程度的划伤。

【案例分析】

管母线为成批到货，由于管母线长度不一，运输途中颠簸磕碰造成了表面的划伤。

【指导意见/参考做法】

1. 整改情况

由厂家服务人员对划痕处用细砂纸进行表面处理，保证带电后不会出现尖端放电。

2. 设备方面

厂家在管母线出厂前对管母线表面采用柔性材料进行包裹，减少运输途中的磕碰，进而减少划痕。

案例 12 滤波场隔离开关机构箱固定方式不合理

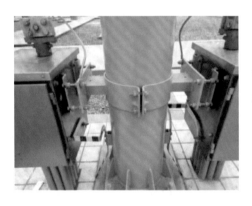

图 13-12-1 隔离开关机构箱与支架之间为抱箍连接方式

【案例描述】

交流滤波场围栏外隔离开关机构箱与支架之间为抱箍连接方式（如图 13-12-1 所示），运行验收时提出要对抱箍与支架间进行点焊加固。

【案例分析】

刀闸机构箱采用抱箍固定在支架上，验收从运维经验考虑要求进行点焊加固。

【指导意见/参考做法】

1. 整改情况

现场在抱箍和支架之间选择 4 个点进行点焊和防锈处理。

2. 施工方面

后续工程刀闸机构箱采用固定在支架背板上，背板和支架为出厂时即焊接为整体发货至现场。

案例 13 二次设备室冬季散热问题

【案例描述】

某工程主控楼内通信机房、站公用二次设备室等房间冬季当不开房间门时，室内温度达到了30℃，超过了设计温度；若打开房间门，室内温度可降到20～25℃。

【案例分析】

在冬季由于室外气温很低，空调制冷功能不能启动；加之通信机房、站公用二次设备室发热量大，房间温度就容易升高。

【指导意见/参考做法】

1. 整改情况

通信机房、站公用二次设备室在靠近内走道的墙上设置带防火阀的进风百叶；同时关闭走道的电暖器，利用两室的原有检修风机进行排风。

2. 设计方面

对严寒地区，设计初期应考虑在冬季气温极低情况下，空调制冷功能无法启动时，室内电气设备较多房间的散热问题；可对散热量大的房间增设通风措施。

案例 14 冷却器风扇固定电缆未使用钢扎带

【案例描述】

冷却器风扇电缆固定电缆采用尼龙扎带（见图 13 - 14 - 1），未采用钢扎带。

【案例分析】

厂家设计考虑钢扎带在产品运行时会对冷却器表面油漆有所磨损，采用尼龙扎不会出现这种情况，但是尼龙扎带会产生断裂现象。

【指导意见/参考做法】

全部更换为钢扎带。

图 13 - 14 - 1 冷却器风扇电缆固定电缆
采用尼龙扎带

案例 15 辅控楼一层交流配电室电缆沟容量不够

【案例描述】

某工程辅控楼一层电缆沟两个入口分别来自交流场方向 1400mm×1200mm 和换流变广场 1400mm×1400mm 电缆沟，在走廊汇集为 1400mm×1200mm 至交流配电室，交流配电室为 1200mm×1000mm 电缆沟。从交流配电室爬墙至二楼控制保护设备室。电缆支架上 2 齿为动力电缆通道，最下 1 齿为光缆槽盒，控制电缆支架为 6 齿，在交流配电室入口处大截面交流电缆拐弯占用到控制电缆支架，造成控制电缆有效支架为 5 齿，路径上控制电缆将近 380 根，按规范要求每齿不超过 2 层电缆现场需要 8 齿用于控制电缆敷设。

【案例分析】

1. 设计方面

设计前期收资不完善，二次设计在后面，未全面考虑整体电缆数量。

2. 施工方面

动力电缆敷设单位未按要求敷设占用控制电缆通道。

【指导意见/参考做法】

1. 施工方面

动力电缆敷设过程中加强交底，需施工单位严格按照规范要求施工。

2. 设计方面

若空间有限，设计可考虑在辅控楼增加电缆竖井，以便满足现场电缆敷设要求。

案例 16 交流滤波器场光电流互感器端子箱预埋管问题

图 13-16-1 光电流互感器端子箱与基础
预埋管位置相反

【案例描述】

施工中发现滤波器场某些光电流互感器端子箱安装方向与端子箱支架下部土建基础预埋管位置相反（如图 13-16-1 所示），导致光缆进入预埋管的弯曲半径过大，容易损伤光缆。

【案例分析】

设计提供的埋管图中未明确光电流互感器端子箱下部土建基础内的预埋管位置；光电流互感器端子箱下部土建基础在光电流互感器支架及端子箱未安装时已提前浇筑，基础内的预埋管位置及出口统一偏向基础北侧电缆沟。但厂家提供现场的安装图中，P1 极性朝北的光电流互感器端子箱在支架上的安装方向朝北，P1 极性朝南的光电流互感器端子箱在支架上的安装方向朝南。

【指导意见/参考做法】

1. 整改情况

根据光电流互感器端子箱的实际朝向，在支架上安装方向朝北的端子箱，其下部基础内预埋管不变，入地后埋管进入北侧电缆沟；在支架上安装方向朝南的端子箱，其下部基础内预埋管作废，在端子箱下方增补埋管，入地后埋管进入南侧电缆沟。

2. 设计方面

设计在绘制埋管图前应与厂家确认光电流互感器端子箱在支架上的安装朝向，在设计图中明确光电流互感器端子箱基础下部的预埋管在端子箱正下方，确保端子箱出线光缆进入基础的弯曲半径满足要求，光缆进入电缆沟的埋管朝向合理。

案例 17　电子围栏使用 4 线制的问题

【案例描述】

运行单位在进行视频及电子围栏系统验收时提出，某换流站的电子围栏采用的是 4 线电子围栏，不满足属地公司《关于印发变电站安全防范系统配置要求的通知》（2011 - 126 号）中第 3.1 条要求"变电站应安装具有显示报警位置功能的高压脉冲 6 线制电子围栏。"

【案例分析】

视频及电子围栏招标技术规范书写明采用 4 线电子围栏。《脉冲电子围栏及其安装和安全运行》（GB/T 7946—2015）正文内容没有写明电子围栏应采用 4 线制或 6 线制，但是其附图中给出的安装于围墙上的电子围栏采用的是 6 线电子围栏。由此，厂家更换了原有围墙上的 4 线围栏和电子围栏主机。

【指导意见/参考做法】

设计单位对电子围栏的安装及运行规范不了解，对相关技术细节不了解，在编制技术规范书时参考了以前工程的做法，当时没有跟上规范和运行单位对电子围栏配置的更新。后续工程在编制技术规范时应仔细研读相关设备的安装、运行规范或当地运行单位要求。

案例 18　启动回路检修通道设置偏紧张

【案例描述】

某工程由于受站址所在地地形地貌所限，全站挖填方土方工程量大，施工较困难，因此，自可研设计阶段开始对全站总平面的布置进行优化。从工程建成的效果来看，全站总平面布置较为紧凑，缩短了场平及工程施工时间；启动回路检修通道的设置稍显紧张，检修不太便利。

【案例分析】

为优化全站总平面布置，启动回路区域未设置专门的检修通道。该区域设备检修时，检修车需由阀厅前主道路经桥臂电抗器围栏检修门后驶入。由于围栏检修门距离主道路较近，因此，检修车还需利用阀厅和主道路之间的空余场地进行转弯，部分区域需铺设钢板，检修车通过方可通过。

【指导意见/参考做法】

总平面布置时，设计单位应考虑检修通道的设置。

案例 19　直流场埋管接地不牢固

【案例描述】

某工程对直流场二次穿管施工进行了检查发现，断路器处电缆管在机构 1 与机构 2 之间未固定且与主电缆管未可靠接地，如图 13 - 19 - 1 所示。

在直流场电缆转角井处，存在部分电缆管存在未可靠接地的类似问题，如图 13 - 19 - 2 所示。

图 13 - 19 - 1　电缆管未固定且未可靠接地　　　图 13 - 19 - 2　直流场电缆转角井电缆管未可靠接地

【案例分析】

（1）施工单位未按要求施工，造成了部分钢管连接不可靠。

（2）施工项目部未认真执行技术交底。

【指导意见/参考做法】

1. 整改情况

（1）在未可靠连接的钢管上制作卡扣，将钢管连接。

（2）全面排查，对于未能可靠接地的钢管，通过扁钢与主接地可靠连接。

2. 施工方面

（1）提前与设计沟通，对于超长的电缆穿管，可设计成电缆小沟，方便电缆敷设及检修。

（2）加强质量管控，严格落实各项措施交底。

案例 20　辅助系统的安装界限不清晰

【案例描述】

视频监控系统和火灾报警系统在站区的建筑物内和户外均布置有设备，相关设备的厂家与施工单位经常就户外埋管、户内穿管以及线缆敷设的范围发生分歧，表示均不在自身的工作范围内。

【案例分析】

设计单位未在设备招标、施工招标及施工图中明确相关接口范围。

【指导意见/参考做法】

（1）在设备技术规范书和施工招标工程量中充分考虑上述系统的屏柜安装、埋管，以及线缆敷设的界面及分工。

（2）施工图交底会时，向施工单位及厂家明确各自的安装范围，对于有歧义的地方，可在会上明确并形成纪要。

案例 21　操动机构门与槽钢碰撞无法完全打开

【案例描述】

某工程直流场安装的隔离开关在安装机构箱时发现，侧面箱门无法按要求打开导致无法进行手动操作，违反了《电气装置安装工程高压电器施工及验收规范》（GB 50147—2010）中 8.2.6 条第 2 款：电动操作前，应进行多次手动分、合闸，机构动作应正常。

【案例分析】

机构箱门需采用双层门机构，导致机构箱门离支架固定处裕度基本没有，而厂家设计存在惯性思维，图纸未按要求留有一定裕度。

【指导意见/参考做法】

1. 整改情况

机构箱不动，支架安装横槽钢往后移。在钢支架与横槽钢连接处之间增加一个 18 号槽钢，将横槽钢后移 180mm，再在横槽钢与机构箱之间加装过渡支架。移开后机构侧门可打开 120°，摇手柄现场操作顺畅，符合相关规范验收要求。

2. 设计方面

（1）首先应从设计源头抓起，针对隔离开关支架精度要求高的设备建议由厂家成套提供，形式根据设计院要求进行生产即可。

（2）其次在设计阶段，建议设计采用 BIM 建模技术，进行全方面模拟操作，避免此类问题。

（3）在后续工程中，监理应加强在设计监理阶段以及图纸审查阶段对此类问题的审查。

案例 22　交流滤波器场围栏发热

【案例描述】

干式电抗器由于其特殊的结构形式决定了其在运行时，周围将产生比较强的磁场，处于这个磁场一定区域内的闭合导体（如围栏、环行地线）将因此而产生环流并发热，从而影响电抗器的正常运行。某换流站交流滤波器场滤波器小组围栏在运行过程中五防锁均有环流并发热现象。

【案例分析】

对于与干式电抗器中心轴线平行的金属闭合环干式电抗器中心平面处沿径向磁场强度分布曲线路，其所在的平面方向基本与电抗器磁场方向一致，一般不会产生环流；对于与干式电抗器中心轴线垂直的金属闭环环路，由于它在最大程度上包围了电抗器产生的交变磁场，其上的感生电流一般比较大，发热程度也比较高。这就是造成干式电抗器围栏发热的原因。

由于某换流站交流滤波器场电压等级为 750kV，其干式电抗器容量较大，其围栏的闭合环路靠近干式电抗器时，该处磁场的强度较大，围栏处于磁场范围内，因此导致围栏五防锁过热且发红，实测温度逾 700℃。

【指导意见/参考做法】

（1）增大围栏与电抗器的距离，使其达到距电抗器磁场强度的最佳要求。

（2）对于与电抗器中心轴线垂直的金属闭合环路，可采用切断其内部磁通流通途径的方法。

（3）推荐使用非金属围栏，例如玻璃钢围栏。

【改进建议/工作启示】

在今后工程中，由于干式电抗器周围磁场的影响，使得与电抗器中心轴线垂直的闭合环路内产生环流，在金属围栏及环行接地线中产生发热现象，在干式电抗器周边的电气设计上要避免形成闭合环路，安装过程中宜采用非金属围栏，避免此问题的发生。

案例 23 停电计划批准后未核实停电设备状态

【案例描述】

某扩建工程开展特殊交接试验前，按程序办理了停电计划申请并获批。设备停电后，施工单位完成了设备安装工作。试验单位在特殊交接试验前，发现设备处于冷备用状态。根据特殊交接试验规程和试验方案，设备应处于检修状态。由于设备状态错误，无法按计划开展特殊交接试验，影响了特殊交接试验的正常开展。

【案例分析】

经核实，调度部门未按照停电计划批准设备状态。经与调度协商，重新办理了检修状态的工作票后，开展特殊交接试验。

（1）在停电计划申报时，业主项目部应结合施工单位、试验单位的工作任务统筹申报停电计划。

（2）停电计划应对申报的停电范围、设备状态应进行核实，尤其是接地刀闸的开合情况、设备的状态（冷备用、检修），避免对停电工作造成不利影响。

案例 24 继保小室内等电位线多点接地

【案例描述】

某换流站验收继保小室时，等电位线采用镀锡裸铜线，敷设于电缆支架上层，故与电缆支架多点直接接地。反措中要求，等电位线一点接地。

【案例分析】

设计院在图纸中未明确，对反措认识不够充分。

【指导意见/参考做法】

1. 整改情况

在裸铜绞线与电缆支架搭接处，采用绝缘电工胶布进行缠绕，确保裸铜绞线与电缆支架无接触。

2. 施工方面

（1）提前与设计沟通，继保小室内可采用带黄绿相间绝缘护套的铜绞线。

（2）可采用铜排加绝缘子布置方式，在电缆支架上加装绝缘子支撑铜排。

案例 25 交流场检修通道紧张

【案例描述】

某换流站 750kV 交流场区域布置按 750kV 变电站典型设计方案进行设计，750kV 交流场区域设置有环行道路，吊车通过此道路可对所有区域 GIS 设备进行吊装检修，但吊装方案检修较为复杂，给运行带来了一定程度的不便。

【案例分析】

由于某换流站 750kV 交流滤波器出线间隔与 750kV 第三继电器室、两极低端换流变出线间隔与公用 400V 室及 10kV 配电室的布置过于紧凑，导致吊车进入通道较为受限，需要车辆多次操作才可进入对应设备的吊装区域。

【指导意见/参考做法】

1. 整改情况

结合建筑物与配电装置布置情况，通过环形道路，借助吊车操作可完成 750kV 配电装置区域内所有 GIS 设备的吊装检修。经与 750kV GIS 供货商配合并考虑各种设备情况后认为：在外侧环路可实现对 750kV GIS 出线侧套管及出线分支母线吊装；GIS 本体及母线均在靠近断路器侧的检修通道吊装；母线高抗区域的 GIS 设备可在西侧环形道路实现吊装，满足检修要求，不存在吊装盲区。

2. 设计方面

后续工程中，在考虑电气布置时，需充分考虑设备吊装检修通道，既要节省占地，也要能灵活检修。